Unity MOBA
多人竞技手游制作教程

郑宇 周志超 张清 等编著

电子工业出版社
Publishing House of Electronics Industry
北京·BEIJING

内 容 提 要

2015 年年底，《王者荣耀》手游横空出世，游戏上市后仅仅一个月的时间，游戏每月下载量就稳定在 35 万次左右，在随后的半年内攀升到 70 万次左右。仅 2017 年一年，《王者荣耀》以约 300 亿元人民币流水获得了手游收入排行榜极高的名次。

《王者荣耀》这种现象级手机游戏是如何制作出来的呢？本书将揭开《王者荣耀》的神秘面纱，带领读者学习 MOBA 类手游的制作全过程。

在本书案例中，使用 Unity 游戏引擎演示客户端的开发流程，使用 Node.js 演示游戏服务器端的开发流程，使用 MySQL 提供数据库服务，并演示如何部署商业级游戏服务到 Linux 服务器上。

本书篇幅有限，所以只演示游戏局内最核心功能的制作过程，以及 UI 的基础使用方法。在熟练掌握本书知识点与开发技巧之后，建议读者访问锐亚教育网站（http://www.insideria.cn）学习更深入的商业级开发课程。

本书适合从事游戏制作的从业人员和相关专业的学生阅读。

未经许可，不得以任何方式复制或抄袭本书之部分或全部内容。

版权所有，侵权必究。

图书在版编目（CIP）数据

Unity MOBA 多人竞技手游制作教程 / 郑宇等编著. — 北京：电子工业出版社，2020.6
ISBN 978-7-121-36590-4

Ⅰ.①U… Ⅱ.①郑… Ⅲ.①手机软件－游戏程序－程序设计－教材 Ⅳ.①TP317.67

中国版本图书馆CIP数据核字(2019)第096797号

责任编辑：陈晓婕　　特约编辑：俞凌娣
印　　刷：涿州市般润文化传播有限公司
装　　订：涿州市般润文化传播有限公司
出版发行：电子工业出版社
　　　　　北京市海淀区万寿路173信箱　邮编：100036
开　　本：720×1000　1/16　　印张：18.75　　字数：486.4千字
版　　次：2020年6月第1版
印　　次：2022年7月第2次印刷
定　　价：69.90元

凡所购买电子工业出版社图书有缺损问题，请向购买书店调换。若书店售缺，请与本社发行部联系，联系及邮购电话：（010）88254888，88258888。

质量投诉请发邮件至 zlts@phei.com.cn，盗版侵权举报请发邮件至 dbqq@phei.com.cn。

本书咨询联系方式：（010）88254161～88254167转1897。

本书介绍

2015年年底,《王者荣耀》手游横空出世,游戏上市后仅仅一个月的时间,游戏下载量就稳定在35万次左右,在随后的半年内再次攀升到70万次左右。仅2017年一年,《王者荣耀》以约300亿元人民币流水获得了全球手游收入排行榜冠军。

那么,《王者荣耀》这种现象级手机游戏是如何制作出来的呢?本书将揭开《王者荣耀》的神秘面纱,带领读者学习MOBA类手游的制作全过程。

在本书案例中,使用Unity 2018游戏引擎演示客户端的开发流程,使用Node.js演示游戏服务器端的开发流程,使用MySQL提供数据库服务,并演示如何部署商业级游戏服务到Linux服务器上。

本书篇幅有限,所以只演示游戏局内最核心功能的制作过程,以及UI的基础使用方法。在熟练掌握本书知识点与开发技巧之后,建议读者访问锐亚教育网站(http://www.insideria.cn)学习更深入的商业级开发课程。

本书还提供锐亚教育网络学习卡,在网站上输入学习卡号,就可以观看相关课程的视频教学课程。

游戏核心技术介绍

◎ 注册登录模块

注册登录模块是所有游戏开发的第一步,在《王者荣耀》中是使用微信和QQ账号进行快速登录的,但是对于游戏本身,无论采用哪种方式登录,都需要在游戏内部建立自身的账号体系。在用户使用快捷方式登录的同时，游戏自身会自动地为用户在 USER 数据库中注册相关用户信息并且进行登录操作。在"登录逻辑实现"模块的教学过程中，会给读者演示如何创建用户与实现登录过程。负载均衡服务器的作用是，给用户推荐相对空闲以及用户所在区域内访问速度较快的服务器，在后边的教学中也会给读者演示如何制作服务器负载均衡器。

输入账号和密码并选择服务器之后，就可以登录游戏了。那么，账号与密码在服务器端是如何进行验证的，数据库又是如何存储玩家战斗信息的？这些内容在后续课程中会详细讲解。

◎ 游戏局内道具商店系统

在进入战斗前，首先需要通过商店购买出门装备。每个玩家进入战斗场景中都得有初始点券（以后统称为 CP）。玩家可以通过 CP 来购买装备。游戏道具在游戏中是非常重要的，那么它们是怎么制作的呢？需要使用什么技术来实现呢？

游戏道具系统的制作需要客户端与服务器端协作完成，客户端除了要使用功能强大的 NGUI 插件，还使用到许多与服务器进行通信、与校验有关的技术。

◎ 游戏登录状态

首先来了解登录模块。登录模块处于登录状态，此状态下的主要内容就是选择服务器，输入账号与密码，登录成功后可以选择开始游戏，也可以切换账号退出登录，或者重新选择战场，也就是重新选择连接的服务器。这是登录模块的功能。

◎ 游戏大厅状态

登录完成后就会进入游戏大厅中，切换为大厅状态。游戏大厅中包含了四大部分：主页、战斗、商城、社交。游戏大厅的内容很多，比如签到系统、英雄介绍、符文合成、战斗模式选择、英雄与符文的购买等。因为这个游戏的内容过于庞大，所以在本书以及视频中主要讲解主线，也就是进入战斗部分的内容。在此模块中，读者主要学习窗口的切换以及匹配战斗。

◎ 游戏英雄选择状态

等待匹配完成后，下一个状态就是英雄选择了。在此模块中，包括可选英雄的显示，如何更新选择的英雄并确定，倒计时的显示，等等。其中涉及的细节较多，战友的匹配组合是在服务器端完成的。

◎ 游戏状态

确定英雄之后就要进入最重要的模块了，也就是游戏状态。此状态的界面中包含了很多内容，比如技能面板的显示与每个技能按钮的功能、摇杆是如何控制英雄移动的、战斗的更新、英雄的回城，等等。游戏过程中最重要的是技能释放与伤害处理。对于英雄战斗属性的更新以及伤害值的计算都是在服务器端进行的。客户端负责显示，服务器端负责逻辑运算。游戏胜利的标志是敌方箭塔被销毁，之后游戏进入最后一个状态——游戏结束状态。

◎ 游戏结束状态

以主基地被销毁为标志，此时游戏进入最后一个状态——游戏结束状态。此模块中的主要内容不多，先是显示正常游戏的战绩，然后是离开战场。游戏状态就此切换，那么切换到什么状态呢？等进入此模块中就了解了。这就是游戏的最后一个模块。整个游戏就是几种状态的切换，不同状态完成不同的事件。

◎ 游戏用户交互系统

英雄的位移是通过虚拟摇杆来控制实现的，拖动虚拟摇杆可以控制英雄的移动方向。那么虚拟摇杆是如何控制英雄移动的呢？多玩家在游戏场景中的位移又是如何实现的呢？

英雄移动相对比较简单，当服务器端接收到客户端的移动请求后，服务器赋予英雄速度与方向，在移动过程中是需要时时检测的。比如会遇到墙体等碰撞体，那么就要动态检测英雄的移动方向是否可行。以英雄为中心点水平向四周辐射 8 个点，检测这 8 个点是否可行，可行就将新的位置点赋予英雄。当移动到某一个点后，又以英雄的新位置点再次辐射进行移动，这是英雄移动的原理。在"A* 寻路算法"一节中会详细地介绍。

关于多玩家在游戏场景中的位移同步以及攻击同步等，这些问题涉及的知识点比较多，这里就不再赘述了。在后续的视频课程中，会详细地介绍如何实现多玩家的同步。

◎ 游戏人物状态机实现与优化

在游戏中，无论是小兵、NPC，还是英雄，都大量使用了游戏状态机。什么是游戏状态机？在游戏中如何使用它呢？

游戏人物会在不同的环境中激发不同的状态，它们都由状态机（States）组成，在不同的事件（Event）中激发不同的动作（Action），再通过函数将状态从现态迁移到次态。状态机也有多种类型，比如有限状态机（Finite State Machine）、无限状态机（Infinite State Machine）等。

◎ 游戏粒子特效系统

无论是普通攻击还是技能攻击，攻击时释放的特效都会为游戏的视觉效果与体验加分不少，但是如何随心所欲地制作出你所想的特效呢？

那就需要掌握 Unity 粒子特效系统。什么是发射（Emission）？什么是纹理动画（Texture Sheet Animation）？什么是物理发射源（Sub Emitters）？什么是拖尾（Trails）？什么是渲染（Renderer）？

◎ 游戏 NPC 的制作

NPC 是游戏中唯一使用到 AI 技术的部分。如何制作出不同智商的 NPC 成为游戏开发中比较有趣而且实用的技巧。在制作 NPC 时，会大量使用行为树、决策树、有限状态机等技巧。在"NPC 游戏怪物"部分中会详细介绍有关制作技巧。

◎ 游戏数学

无论是新颖的玩法，还是酷炫的特效，都离不开数学知识，特别是制作一款 3D 游戏，矢量、矩阵、四元数、射线、简单的物理学都会在游戏制作过程中被大量运用。

配套视频网站

本书配套的视频内容由锐亚教育与英赛德游戏研发中心联合制作，请参考本书提供的视频课程学习卡，并且按照该学习卡使用手册购买相关视频内容（请在浏览器中输入网站地址：http://www.insideria.cn）。

课程目标

- ❏ 掌握 Thanos MOBA 类游戏开发框架
- ❏ 掌握 NGUI 搭建 UI 界面技术
- ❏ 掌握 Unity 中级开发工程师应具有的开发技术
- ❏ 掌握大型网游网络通信技术
- ❏ 掌握 Node.js 大型网游服务器开发技术
- ❏ 掌握 MySQL 数据库在游戏开发中的应用技术
- ❏ 掌握游戏常用算法原理
- ❏ 掌握游戏 AI 制作技术

前言
PREFACE

本书适合读者

- 独立游戏制作人
- 游戏从业者
- 游戏爱好者
- 重度游戏玩家
- 大学毕业生

给大脑的建议

游戏编程需要大脑记忆大量的信息。大脑的存储空间有限，它总是在渴求新奇的东西，搜寻并期待着不寻常的事情发生，再把它们保存下来。那么，如何让你的大脑神经元爆发并释放出化学物质来增强你的记忆力呢？

举个例子，你去野生动物园时，一只老虎出现在你身后并跟你"Say Hi"！此时此刻，你的大脑中会发生什么呢？我相信你对这事会终身难忘。大脑就像个筛子，这个筛子显然会把"不重要的东西"筛掉。

一种简单的方法是告诉你的大脑：嘿，大脑，学这本书的内容很重要，这样能帮你一天内就实现一个"小目标"，帮我把这些东西记下来！OK！快去给你的大脑神经元"点火"吧，爆发你的学习热情，踏上你的学习之旅吧！

致谢

参与本书编写与校稿工作的人员除了郑宇、周志超、张清，还有王兆明、谷雪娇、翟佳、李皓颖。

虽然在本书的编写过程中，力求叙述准确、完善，但由于水平有限，书中欠妥之处在所难免，希望读者和同仁能够及时指正，共同促进本书质量的提高。

再次希望本书能为读者的学习和工作提供帮助！

写在前面的话

当读完本书,读者可能会有所困惑:项目已经做完了吗?在此编者要声明并未结束。显然,我们分析一款手游还有一些地方是不完善的。剩余部分功能,比如游戏局内道具商店系统、游戏结束状态、超级兵与防御塔攻击等,因为篇幅有限无法在此书中一一展现,我们将在锐亚教育官网持续更新课程与资源,供读者学习与参考。

本书还可当作游戏开发工具书,日后若有遇到项目开发上的问题不妨当作一本"项目字典"来使用。编者希望本书能给各位读者带来一些帮助,但由于编者水平有限,在撰写本书时考虑到要尽可能让读者理解 Thanos 游戏框架,故修正与重写本书内容多次,百忙之中必有一疏,望读者见谅。同时,也希望可以得到读者的批评与指正,欢迎到锐亚教育论坛留言,我们会虚心听取读者的意见,力求尽善尽美。

本书附赠图书等价学习卡一张。读者可跟据自身需求,选择是否需要学习更深的课程。如果需要,操作如下:

第一步:微信扫描二维码,进入锐亚官方网站;

第二步:刮开本书封底印制的刮刮卡,获得优惠码;

第三步:报名锐亚官方网站提供的课程中输入封底印制的优惠码,在现有价格上抵扣 69.9 元!

目录

第 1 章 快速开始 1
1.1 Unity 软件的下载与安装 2
1.1.1 Unity 软件的下载 2
1.1.2 Unity 软件的安装 2
1.2 Thanos 游戏开发框架的下载与安装 3
1.2.1 Thanos 游戏开发框架的下载 3
1.2.2 Thanos 游戏开发框架的安装 4
1.3 NGUI 组件的下载与安装 4
1.4 本书配套资源的下载 5

第 2 章 游戏 UI 界面搭建 7
2.1 NGUI 插件详解 8
2.1.1 UI Root 的概念 8
2.1.2 UI Lable 的概念 9
2.1.3 UI Sprite 的概念 9
2.1.4 UI Panel 的概念 10
2.1.5 UI Button 的概念 11
2.1.6 UI Grid 的概念 12
2.1.7 UI Scroll View 的概念 12
2.2 游戏 UI 界面搭建 13
2.2.1 游戏登录界面 UI 搭建 13
2.2.2 游戏战队匹配 UI 界面 19

第 3 章 游戏局外主要逻辑开发实现 23
3.1 游戏登录模块的开发 24
3.1.1 事件定义 25
3.1.2 事件注册 25
3.1.3 事件广播 26
3.1.4 使用范例 26

IX

3.2 游戏网络通信开发	28
3.2.1 设置服务器信息	28
3.2.2 网络信息处理	29
3.2.3 消息序列化与反序列化	29
3.3 登录逻辑实现	34
3.3.1 基础知识	34
3.3.2 完善登录逻辑	38
3.4 匹配逻辑实现	45
3.4.1 Time 类基础知识	45
3.4.2 完善匹配逻辑	47
3.5 英雄选择逻辑实现	50
3.5.1 基础知识	50
3.5.2 完善英雄选择	54

第 4 章 战斗场景逻辑开发 63

4.1 场景元素生成	64
4.1.1 地形生成	64
4.1.2 英雄生成	70
4.2 玩家控制	74
4.2.1 虚拟摇杆的使用	74
4.2.2 英雄移动状态	76
4.2.3 英雄自由状态	80
4.2.4 技能控制	82
4.2.5 血条处理	89
4.2.6 死亡处理	94

第 5 章 Thanos 游戏框架消息机制 99

5.1 游戏框架介绍	100
5.2 委托与事件	101
5.2.1 委托的概念	101
5.2.2 事件的概念	102
5.3 消息机制	104
5.3.1 添加监听器（AddListener）	104
5.3.2 派发事件（BroadCast）	106
5.3.3 移除监听器（RemoveListener）	106

		5.3.4 事件类型定义（EGameEvent）	107
		5.3.5 事件处理器	108
		5.3.6 使用范例	109

第6章 网络基础与协议简介 ... 111

- 6.1 网络基础 ... 112
  - 6.1.1 网络模型 ... 112
  - 6.1.2 TCP/IP 模型 ... 115
  - 6.1.3 Socket 套接字 ... 115
  - 6.1.4 TCP 通信 ... 118
- 6.2 网络层框架 ... 120
  - 6.2.1 网络管理器 ... 120
  - 6.2.2 网络初始化 ... 120
- 6.3 通信协议 ... 126
  - 6.3.1 通信协议概念 ... 126
  - 6.3.2 消息处理中心 ... 127
  - 6.3.3 消息发送 ... 130
- 6.4 序列化悍将——Protocol Buffer ... 132
  - 6.4.1 ProtoBuf 的概念 ... 132
  - 6.4.2 ProtoBuf-net 的下载与使用 ... 132
  - 6.4.3 数据转换 ... 133
  - 6.4.4 序列化结构数据 ... 134

第7章 Node.js 开发环境搭建与通用游戏服务器介绍 ... 137

- 7.1 Node.js 服务器开发环境搭建 ... 138
  - 7.1.1 Node.js 介绍 ... 138
  - 7.1.2 软件安装与资源下载 ... 140
  - 7.1.3 Node.js 环境搭建 ... 141
- 7.2 通用游戏服务器介绍 ... 144
  - 7.2.1 游戏服务器的定义 ... 144
  - 7.2.2 游戏服务器的作用 ... 145
  - 7.2.3 游戏服务器的架构 ... 145

第8章 5分钟编写功能强大的游戏服务器 ... 151

- 8.1 自动化生成服务器 ... 152
  - 8.1.1 创建 serverframework.ts 文件 ... 152

	8.1.2	编写生成器 152
	8.1.3	远程安装 Thanos 游戏开发框架模块 156
	8.1.4	匹配工具目录路径 157
	8.1.5	指定程序入口函数 157
	8.1.6	生成框架文件 158
	8.1.7	测试服务器 158
8.2	穿透服务与网络壁垒 159	
	8.2.1	TCP 服务 159
	8.2.2	Socket 套接字 162
	8.2.3	TCP 服务网络模型 162
8.3	解析服务器框架功能 165	
	8.3.1	server 模块 165
	8.3.2	client 模块 168
	8.3.3	MySQL 模块 170
	8.3.4	logger 模块 173
	8.3.5	const 模块 176
	8.3.6	utils 模块 177
	8.3.7	action 模块 178

第 9 章 Thanos 服务器框架说明 179

9.1	核心概念 180	
	9.1.1	Thanos 服务框架 180
	9.1.2	实时数据通信 180
	9.1.3	消息处理机制 180
9.2	TypeScript 常用语法 180	
	9.2.1	Export 与 Import 181
	9.2.2	Map 181
	9.2.3	async 与 await 183
9.3	服务器端功能实现 186	

第 10 章 实现服务器的连接 189

10.1	发送消息 190
10.2	事件触发器 190

第 11 章 MySQL 数据库在游戏中的应用 193

11.1	体验 MySQL 数据库 194

目 录
CONTENTS

   11.1.1 MySQL 数据库发展史 194
   11.1.2 MySQL 的下载 194
   11.1.3 MySQL 的安装 195
  11.2 SQL 结构化查询语言基础用法 198
  11.3 MySQL 游戏数据库设计 200
   11.3.1 创建数据库 201
   11.3.2 框架对数据库的支持 202

第 12 章 Node.js 环境中 XML 配置文件的处理 205
  12.1 XML 语言简介与 MOBA 游戏配置模板 206
  12.2 读取单个 XML 文件 207
  12.3 批量结构化 XML 文件工具的使用 208
   12.3.1 不结构化数据的弊端 208
   12.3.2 自动化的优势 208
   12.3.3 自动化生成 TS 结构化数据文件 208
  12.4 结构化数据的调用方法 215
   12.4.1 加载配置数据 215
   12.4.2 获取静态数据 216

第 13 章 Protocol Buffer 协议在游戏场景中的应用 217
  13.1 Protocol Buffer 原理介绍 218
   13.1.1 ProtoBuf 消息定义 218
   13.1.2 协议格式制定 218
  13.2 《王者荣耀》通信协议概览 221
   13.2.1 Protocol Buffer 协议源文件 221
   13.2.2 客户端编译 222
   13.2.3 客户端编译数据 222
   13.2.4 序列化结构数据 223
  13.3 使用 Thanos 服务器框架调试消息 223
  13.4 服务器端编译 225
  13.5 批量处理协议的命令行文件编写 229
  13.6 生成 PB 文件完整批处理脚本 232
  13.7 实例讲解 234
   13.7.1 模拟客户端 234

XIII

13.7.2　服务器消息接收 236

第 14 章　账户验证模块 237

14.1　登录模块 238
14.1.1　接收请求 238
14.1.2　应答请求 238
14.2　登录成功验证 239
14.3　账号合法性验证 240

第 15 章　游戏匹配机制 243
15.1　随机数的产生 245
15.2　二分算法 245
15.3　数据容错处理 246

第 16 章　游戏节奏的控制与 AI 算法 249
16.1　制作 JavaScript 定时器 251
16.1.1　JavaScript 定时器工作原理 251
16.1.2　设计定时器 256
16.1.3　在游戏中应用定时器 256
16.2　A* 寻路算法 257
16.2.1　A* 算法基本原理 258
16.2.2　A* 寻路算法代码实现 265
16.3　AI 行为树 273
16.3.1　行为树简介 273
16.3.2　行为树基本原理 273
16.3.3　行为节点 274
16.3.4　控制节点 274
16.3.5　选择节点 276
16.3.6　实例演示 276
16.4　技能模块 279
16.4.1　技能处理 279
16.4.2　技能程序框架 280

第 1 章

快速开始

本章内容

本章主要包括下载本书案例中所需使用的开发软件 Unity、NGUI、Thanos 以及游戏开发所需的资源文件,并安装配置好游戏开发所需的开发环境。

知识要点

- Unity 软件。
- Thanos MOBA 类游戏开发框架。
- NGUI UI 框架。
- 游戏源代码(UI 资源与场景,英雄 3D 模型)。
- 游戏成品。

1.1 Unity 软件的下载与安装

1.1.1 Unity 软件的下载

本书使用 Unity 2018 游戏引擎演示，安装包的下载方式如下。

1. Unity 官方下载地址：https://store.unity.com/ 。

2. 扫描独立安装包二维码或输入百度网盘下载地址：https://pan.baidu.com/s/15l0LVIQGnrGJGNRHiv9tJw。

1.1.2 Unity 软件的安装

Unity 引擎的安装十分简单，只需要按照默认选项单击"下一步"按钮就可以完成。但是一定要勾选这两个组件下载选项：Android Builder Support 和 iOS Builder Support，如图 1-1 所示。因为最终要把游戏发布到安卓和苹果移动设备上，所以需要把这两个选项选中。安装成功后注册账号并登录。

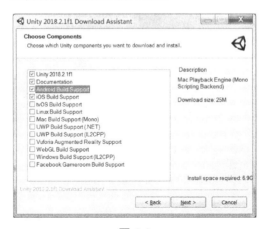

图 1-1

第 1 章 快速开始

> **小知识**
>
> Unity 3D 是由 Unity Technologies 开发的一个让玩家轻松创建诸如三维视频游戏、建筑可视化、实时三维动画等类型互动内容的多平台的综合型游戏开发工具，是一个全面整合的专业游戏引擎。Unity 类似于 Director、Blender game engine、Virtools 或 Torque Game Builder 等利用交互的图形化开发环境为首要方式的软件。其编辑器运行在 Windows 和 macOS 下，可发布游戏至 Windows、Mac、Wii 和 iPhone、WebGL（需要 HTML5）、Windows phone 8 和 Android 平台。也可以利用 Unity web player 插件发布网页游戏，支持 Mac 和 Windows 的网页浏览。它的网页播放器也被 Mac 所支持。

1.2　Thanos 游戏开发框架的下载与安装

1.2.1　Thanos 游戏开发框架的下载

游戏框架集成和封装了大量的工具及常用功能。通常，游戏厂商在开发大型网游的时候，都会使用相应类型的游戏框架来加快开发速度以及规范代码结构。游戏开发工程师遵循开发框架协议以及开发标准，填充相关的模块来完成游戏功能与逻辑，并且利用事件机制来调度协调模块之间信息通信工作。本书案例使用的开发框架为 MOBA 游戏专用框架 Thanos，它是由英赛德游戏研发中心开发的一款专门为大型网络游戏定制的开源游戏框架。

本框架使用状态机来控制整个游戏的流程，游戏中的每个模块都处于游戏的一种状态，就像是人们上学，在每个阶段都有自己要做的事。游戏本身就是一个巨大的状态机，这是一种经典的设计方法。所谓状态机，是指将应用的运行阶段分为多个 State，每一个 State 都会处理一些特定的消息和事件。状态机的好处在于，避免了代码中针对游戏不同阶段采取不同处理而产生的巨大的 if-else 或者 Switch，使代码更加简洁易懂。

Thanos 客户端 github 的下载地址：https://github.com/insideria/thanos-client

Thanos 服务器端 github 的下载地址：https://github.com/insideria/thanos-server

Thanos-client

Thanos-server

1.2.2　Thanos 游戏开发框架的安装

Thanos 游戏开发框架所有文件预览如图 1-2 所示。

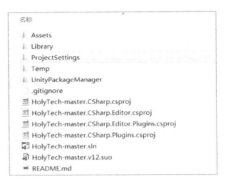

图 1-2

打开 Unity3D，新建一个工程。将资源导入工程。导入完成后，如图 1-3 所示。在 Assets 文件夹下可以看到框架的所有资源。框架内容在 FrameWork 中，建议非框架开发人员不要轻易更改此部分内容。

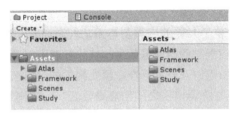

图 1-3

1.3　NGUI 组件的下载与安装

NGUI 是严格遵循 KISS 原则并用 C# 编写的 Unity（适用于专业版和免费版）插件，提供强大的 UI 系统和事件通知框架。其代码简洁，多数类少于 200 行。这意味着程序员可以很容易地扩展 NGUI 的功能或调节已有功能。对用户而言，这意味着更高的性能、更低的学习难度和更加有趣的使用体验。不需要单击 Play 按钮就能查看结果。在场景视图中看到的就是在游戏视图中得到的（所见即所得）。基于组件的、模块化的特性：

要让你的界面控件做什么，只需为其附加相应的行为，而不需要编码。NGUI 全面支持 iOS/Android 和 Flash。

NGUI 官方下载地址：http://www.tasharen.com/。

将下载好的 NGUI 资源包导入引擎中进行使用，在 Unity3D 界面单击鼠标右键，弹出快捷菜单，单击 Import package → custom package（自定义资源包）命令，弹出资源路径窗口，找到 NGUI 资源包所在的位置，单击"打开"按钮即可。

注意：NGUI 资源包的路径不要有中文，否则会导致导入失败。

1.4 本书配套资源的下载

本书为读者提供了游戏开发所需资源的下载文件（包括所有美术模型、插件、脚本、特效等）。

百度网盘下载地址：https://pan.baidu.com/s/15l0LVIQGnrGJGNRHiv9tJw。

> **小提示**
>
> 　　读者在学习过程中有疑问或学习中遇上了困难，欢迎到我们的学习论坛发帖，我们会第一时间帮助你解决学习问题。
>
>

读书笔记

第 2 章

游戏 UI 界面搭建

本章内容

游戏 UI 界面是玩家与游戏沟通的桥梁,本章主要介绍 NGUI 的重要组件的使用与核心概念,以及在游戏中如何使用 NGUI 搭建登录、服务器选择以及游戏中英雄角色选择 UI 界面。

知识要点

- ❏ NGUI 常用组件。
- ❏ 游戏登录 UI 搭建。
- ❏ 游戏服务器选择 UI 搭建。
- ❏ 游戏英雄选择 UI 搭建。

2.1 NGUI 插件详解

NGUI 是专门针对 Unity 引擎开发的一套 UI 框架，它已经成为世界上应用最广、最成熟的 Unity 制作 UI 的框架。使用它来制作游戏 UI 界面非常轻松且高效。利用 NGUI 搭建界面有如下优点：

- 提供强大的 UI 系统和事件通知框架。
- 代码简洁，完全集成到 Inspector 面板中，在场景视图中看到的就是在游戏视图中得到的（所见即所得）。
- 基于组件、模块化的特性。要让界面控件做什么，只需为其附加相应的行为即可，不必编码。

所以说 NGUI 是界面开发最好用的工具。本游戏中利用的就是 NGUI 插件搭建界面。NGUI 插件包含在 Thanos 框架中。在正式搭建游戏 UI 界面之前，先来介绍 NGUI 的几个重要组件的概念以及用法。

2.1.1 UI Root 的概念

在 NGUI 中，每一个 UI 对象都以 UI Root 作为其根节点。
UI Root 游戏对象的 5 种属性如图 2-1 所示。

- Scaling Style：缩放类型。
- Minimum Height：最小高度。
- Maximum Height：最大高度。
- Shrink Portrait UI：收缩 UI。
- Adjust by DPI：微调超出空间的 UI。

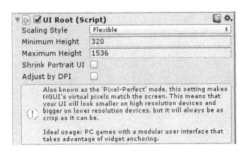

图 2-1

2.1.2 UI Lable 的概念

Label（标签）相当于 Text 文本。如图 2-2 所示，所有的 Label 都需要 Font（字体）才可正常工作。这个字体可以是 Dynamic 动态字体（引用 Unity Font），也可以是 Bitmap 字体——嵌入 Atlas 里面的字体。Label 中包含很多参数，简单的就不再赘述，主要介绍其 4 个重点属性。

- Overflow：字体边距。
- Alignment：对齐方式。
- Gradient：渐变色。
- Spacing：水平竖直间距。

图 2-2

2.1.3 UI Sprite 的概念

UI Sprite 是 NGUI 里面最实用的组件之一，相当于 Image（图片）。需要使用 Atlas（纹理）的一部分来绘制 Sprite。Atlas 是 NGUI 的图集，Atlas 把一些零散的图片合成一张图。这样做的好处是可以降低 Draw Call，如图 2-3 所示。

- Atlas：图集。
- Sprite：图集里面的图片。
- Type：图片类型。
- Draw Call：是 open GL 的描绘次数。

- Pivot：该控件在场景中的对齐方式。
- Depth：控件在场景中的层级。
- Aspect：根据长宽比例剪裁图片。
- Anchors：锚点。

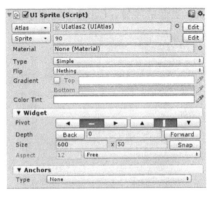

图 2-3

> **小知识**
>
> 在创建新的 Sprite 的时候，NGUI 会自动使用最后用到的 Atlas 和 Sprite。比如曾打开过 Atlas Maker 并且选用过其中的一些 Sprite，那么就可以通过快捷键 Alt+Shift+S 来快速创建 Sprite 了。当然，直接复制（按快捷键 Ctrl+D）选中的对象更为快捷。

2.1.4　UI Panel 的概念

UI Panel（见图 2-4）用来收集和管理它下面所有 Widget（控件）的组件。没有 Panel 所有东西都不能够被渲染出来。可以把 UI Panel 当作 Renderer（渲染器）。Panel 有一个 Depth（深度）值，会影响所有它包含的 Widget。如果 UI 有很多窗口，那么最好每个窗口有一个 Panel。Panel 上的 Depth 权重会远远高于每一个 Widget 的 Depth 权重，所以保证 Panel 不要使用同样的 Depth。如果使用同样的 Depth 在 Panel 上，那么 Draw Call 会被自动拆分以保证渲染顺序，所以会增加更多的 Draw Call。

- Alpha：透明度，影响所有在 Panel 下面的 Widget。可以用它来淡出整个窗口。
- Clipping：Panel 会根据 Dimensions 自动剪裁它的所有子节点。
- Normals：UI 需要被灯光影响。
- Cull：减少三角形的数目，这样也可能降低性能。
- Static：Panel 下面的 Widget 不会被移动，这样可以提高性能。

图 2-4

2.1.5　UI Button 的概念

UI Button（按钮）是一个比较常用的组件。通常用鼠标可以完成移进、移出、按下等操作。如果使某一个对象可以通过鼠标来调用事件，可以在对象上再附加上 Box Collider 和 UI Button 组件，如图 2-5 所示。

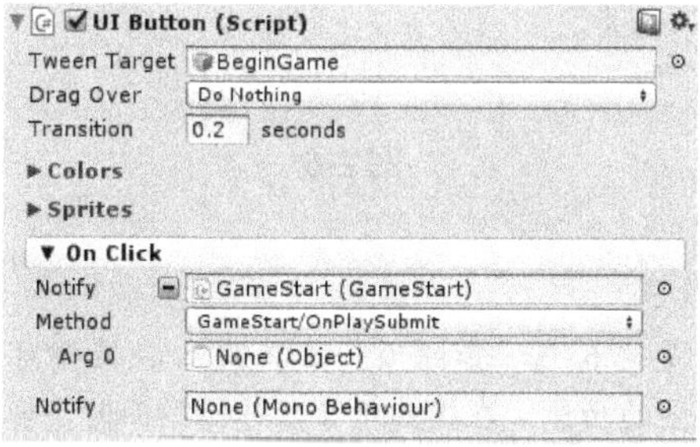

图 2-5

> **使用技巧**
>
> Button 组件可以挂在任何有 Collider（碰撞器）的对象上。Button 接收鼠标移进（Hover）、按压（Press）和点击（Click）事件，但是一般情况下只能响应 OnClick 事件，如果想让它响应其他类型的事件，那么还需要将 UI Event Trigger 脚本组件附加给它。单击按钮后要触发某一功能函数，本书只介绍最简捷、最方便的一种方式：将目标 Game Object 拖曳到 Notify 属性里，之后在下拉列表中选择相应的函数。函数一定要定义成 Public void FuncName (void) 的形式。

2.1.6 UI Grid 的概念

下面看看 Grid 组件。当需要对多个 UI 进行排列时就要用到这个组件了。一般不会直接添加一个 Grid 对象（因为 Grid 对象需要依靠父级对象来确定大小，自身是不能设定尺寸的），而是先创建一个 UI 对象，再在该对象下创建 Grid 组件，最后把需要排序的组件拖入该 Grid 中即可。如图 2-6 所示是 UI Grid 组件的属性。

- Arrangement：网格排列方向，包括 Horizontal（水平排列）、Vertical（垂直排列）、Cell Snap（按子项当前的位置对齐子项）。
- Cell Width：子项格子宽度。
- Cell Height：子项格子高度。
- Row Limit：子项最大数量。
- Sorting：排序方式。None，按照 Index 排序；Alphabetic，按照名字进行排序；Horizontal 和 Vertical 按照 Local Position 进行排序；Custom 则是自己实现的排序方式。
- Pivot：网格起始点锚点。

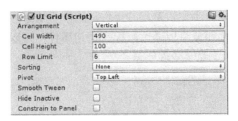

图 2-6

> **使用技巧**
>
> Grid 参数的重点就是这 6 个，其他项一般使用默认值即可。此组件搭配 UI Scroll View 组件来完成滚动视图的功能，在搭建服务器选择界面时，会利用这两个组件来完成服务器选择的功能。

2.1.7 UI Scroll View 的概念

有时要显示的控件不能完整地显示，而是隐藏了一部分，为了查看完整的内容，需要为其添加 Scroll View 组件，这样可以像滚动视图拖动控件显示界面。UI Scroll View 组件属性如图 2-7 所示。

- Content Origin：控制 panel 相对的 Scroll View 的位置。
- Movement：控制 Scroll View 滑动的方向。
- Drag Effect：拖动的效果。
  - Momentum And Spring：拖动到边界松开拖曳时会有弹出来的效果。
- Scroll Wheel Factor：鼠标滑动滚轮速度。如果不让滚动面板通过鼠标滚轮滚动，可以设置为 0。
- Momentum Amount：滑动后，自动滑行的距离（控制什么时候开始拖动滚动视图，可以根据用户的需求调整这个值，来让它更灵敏或更不灵敏）。
- Restric Within Panel：如果选中该复选框，则 Panel 不会滑出 Scroll View。
- Cancel Drag If Fits：当它适合视窗内时，则自动退出拖动。撤选该复选框，可以拖动内容到边界外，不过会有阻力；选中该复选框可以防止内容被拖出区域，并当它适合视窗内时，则会退出拖动，也就是不能拖动了。

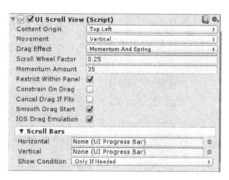

图 2-7

> **使用技巧**
>
> 　　了解了 UI Scroll View 的参数后，还不能够运用此组件完成一个滚动视图的功能，因为它还需要搭配组件 Grid 来使用。在介绍完 Grid 组件后，课程中利用这两个组件实现滚动视图的效果。

2.2　游戏 UI 界面搭建

2.2.1　游戏登录界面 UI 搭建

游戏中涉及的内容大体可以分为两类：UI 界面搭建与逻辑开发。为了帮助读者快速入门，从界面搭建开始介绍（本课程会带领读者一步步地搭建登录界面，后面课程中涉及的界面就不再详细介绍，但是会提供美术素材。有兴趣的读者可以参考效果图自行搭建）。首先是登录界面效果图，如图 2-8 所示。

图 2-8

此界面中"开始游戏"与"换区"属于按钮，所以在这两个对象上需要添加 Box Collider 与 UI Button。然后按照搭建的流程图创建一个新的界面，如图 2-9 所示。

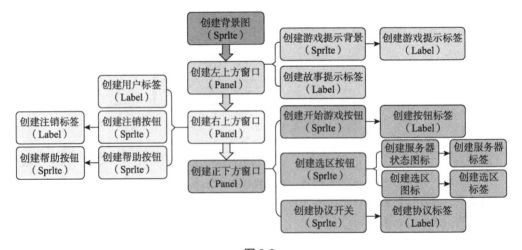

图 2-9

从流程图分析，可以把整个搭建过程的主干分为 4 个部分：创建背景图片，界面左上方部分的搭建，实现界面右上方的搭建，处理下方的开始游戏部分。

◎ 第一步：创建背景图

单击 Unity 编辑器中工具栏下的 NGUI 按钮。如图 2-10 所示，选择菜单栏 Create → Sprite 命令。按下鼠标左键，在 Scene 场景中会出现一个图片。

第 2 章
游戏 UI 界面搭建

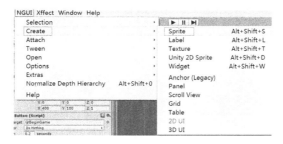

图 2-10

在场景中选中创建的 Sprite，在场景右侧的 Inspector 面板上修改对应属性。将面板最上方的名称改为 BeginGameBG，按 Enter 键确认更改。在 UI Sprite 组件中单击 Altas（图集）按钮，选择 UIAtlas13 图集。单击 Sprite 按钮，选择编号为 129 的图片。修改 Size（图片大小），在这里，先设置它的父节点 UI Root 的 Scaling Style（缩放样式）为 Constrained（固定缩放），然后返回到 BeginGameBG 对象上，将 Size 改为 1280×720，可以铺满整个屏幕，如图 2-11 所示。

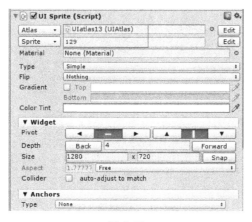

图 2-11

> **使用技巧**
>
> UI 控件的大小都是以像素为单位的。

◎ **第二步：创建文字描述**

选中 Hierarchy 面板上的 BeginGameBG 对象。单击 Unity 编辑器中工具栏下的 NGUI 按钮。选择菜单栏 Create → Panel 命令，会在 BeginGameBG 对象下产生一个 Panel 对象，将其改名为 LeftTopWindow，如图 2-12 所示。

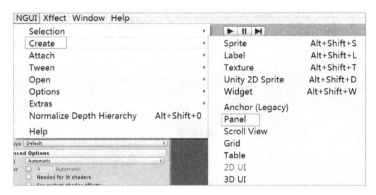

图 2-12

在 LeftTopWindow 对象下创建 Sprite 精灵，改名为 BG，修改 Atlas 图集为 UIatlas2，修改 Sprite 精灵为 90，将 Size 修改为 600×50，选中场景中的 LeftTopWindow，将其移动到场景的左上角，并调到合适的位置，如图 2-13 所示。

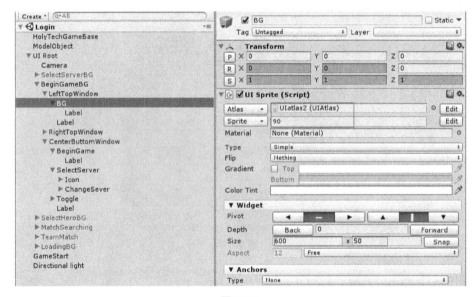

图 2-13

在 BG 下创建一个 Label 标签，将 Font（字体）改为 Arial，修改 Font Size（字号大小）为 25，并在 Text 处写入对应语句，最后修改 Size 为 600×50，将标签调节到合适的位置。

在 LeftTopWindow 对象下再创建一个 Label（标签），将 Font 改为 Arial，修改 Font Size 为 25，并在 Text 处写入对应语句，最后修改 Size 为 600×100，并将标签调节到合适的位置，如图 2-14 所示。

第 2 章
游戏 UI 界面搭建

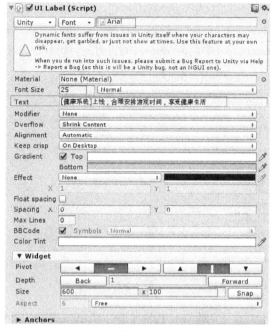

图 2-14

◎ 第三步：选择服务器界面搭建

如图 2-15 所示，选择服务器界面与开始游戏界面的搭建过程大致相同，文本或者按钮部分不做介绍。但是在创建服务器列表需要用到 Scroll View 这个新的控件。下面就来介绍 Scroll View 的使用。

图 2-15

◎ 第四步：创建 Scroll View 对象

- 在 SelectServerBG 对象下创建一个 Panel 对象，并改名为 LeftWindow。将它调节到合适的位置。在 LeftWindow 对象下创建一个 Scroll View 控件。

17

❑ 单击 Unity 编辑器中工具栏下的 NGUI 按钮，选择菜单栏 Creat → Scroll View 命令，修改 Scroll View 下 UI Panel 组件的 Size 属性为 300×600，修改 UI Scroll View 组件下的 Movement 移动方向为 Vertical 垂直方向，如图 2-16 所示。

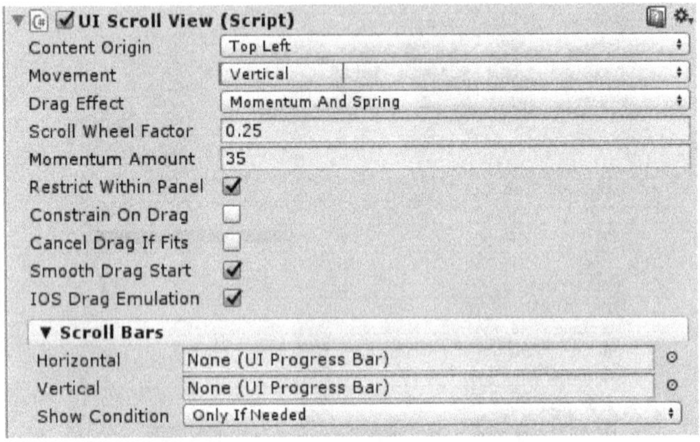

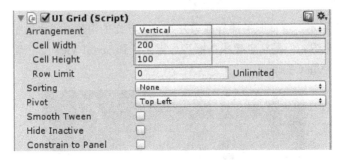

图 2-16

❑ 在 Scroll View 对象下创建 Grid 控件（单击 Unity 编辑器工具栏下的 NGUI 按钮，选择菜单栏 Creat → Grid 命令），修改 UI Grid 组件下的 Arrangement 属性为 Vertical 垂直方向，并修改 Cell Width 为 200、Cell Height 为 100，如图 2-17 所示。

图 2-17

❑ 在 Grid 下创建一个 Label 标签，将 Font 字体改为 Arial，修改 Font Size 字体大小为 40，修改 Size 为 300×100，并将标签调节到合适的位置。

❑ 在 Grid 对象下创建 Sprite 精灵，改名为 Area Item，修改 Atlas 图集为 UIatlas2，修改 Sprite 精灵为 99，并将 Size 修改为 300×100，调到合适的位置。最后添加 Drag Scroll View、Box Collider 与 Button 组件。在 AreaItem 下创建一个 Label 标签，将 Font 改为 Arial，修改 Font Size 为 40，并在 Text 处输入"我的服务器"，最后修改 Size 为 300×100，并将标签调节到合适的位置，如图 2-18 所示。

第 2 章
游戏 UI 界面搭建

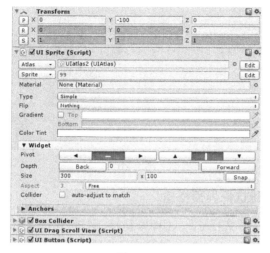

图 2-18

2.2.2 游戏战队匹配 UI 界面

◎ 第一步：组队界面搭建

通过两个界面的搭建练习，相信读者对界面搭建有了初步的了解，其他界面的搭建过程在这里就不再赘述。以下是其他界面的效果图，可以根据此效果图自行搭建其他界面。

组队界面主要包含背景图、标题说明、"退出队伍"按钮、"开始匹配"按钮、"发送邀请"按钮，资源图片在图集 3（UIAtlas3）中，如图 2-19 所示。

图 2-19

◎ 第二步：等待界面搭建

等待界面主要包含背景（UIatlas3）标题说明，匹配队友个数，匹配时间，以及"取消匹配"按钮（UIatlas2）（见图 2-20）。

图 2-20

◎ 第三步：英雄选择界面搭建

英雄选择界面主要包含背景图（UIatlas13）、英雄列表显示区背景（UIatlas14）、英雄图标背景（UIatlas1）、计时器背景（UIatlas1）、英雄选择框（UIatlas14），英雄头像（HalfPhoto）、"确定"按钮背景（UIatlas13），如图 2-21 所示。

图 2-21

◎ 第四步：战斗加载界面搭建

战斗加载界面主要包含背景图（UIatlas12）、敌我双方头像显示框（UIatlas1）、对阵图标（UIatlas12）、英雄头像（HalfPhoto），如图 2-22 所示。

图 2-22

第 2 章
游戏 UI 界面搭建

小提示

如果读者觉得本章学习有难度，可扫码查看本章 UI 搭建视频讲解。
视频地址：http://www.insideria.cn/course/615/task/10223/show。

总结

本章主要介绍了 NGUI 的基本知识，利用 NGUI 中自带的组件搭建了登录界面、匹配界面，等等。在界面搭建时，还可以利用 Unity 自身的 UGUI 来搭建界面，UGUI 的使用也是非常广泛的。

Unity MOBA 多人竞技手游制作教程

读书笔记

第 3 章

游戏局外主要逻辑开发实现

本章内容

进入局内游戏战斗场景前需要执行 3 个主要流程：登录流程，匹配队友流程，英雄选择流程。本章通过开发实现这 3 个流程，介绍如何与服务器进行网络通信、如何加载游戏资源、如何使用触发器触发事件等知识。

知识要点

- ❑ 消息机制实现类间方法调用。
- ❑ 序列化/反序列化。
- ❑ 字典、集合等数据结构。
- ❑ 触发事件调用函数。
- ❑ Resources.Load 加载资源。

3.1 游戏登录模块的开发

游戏启动后,显示的第一个界面就是登录界面。它主要实现两大功能:
- 通过"换区"按钮切换到服务区界面,显示服务区列表。
- 通过"开始游戏"按钮切换到组队界面进行队伍匹配。由于本书讲解的是简易版的游戏流程的搭建,所以去掉了游戏大厅的过程,直接通过开始游戏后进行队伍匹配。如图 3-1 所示,是游戏主场景需要完成的功能逻辑。在这一部分中主要介绍如何通过按钮执行事件、如何更新界面,以及网络的概念。

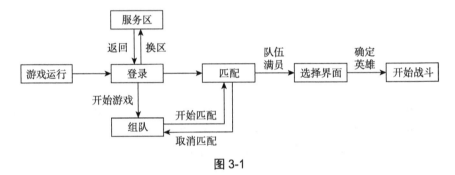

图 3-1

组队界面可以切换到匹配界面,同样可以从匹配界面返回组队界面,其切换过程涉及网络通信,是通过服务器来控制的。流程如下:客户端通过开始匹配向服务器端发送消息,服务器端处理之后返回结果,客户端根据返回的结果来进行切换。目的就是通知服务器端,此时客户端的状态。取消匹配流程如下:当匹配满员后,服务器端通知客户端切换到选择界面,并将选择界面中所有的数据返回客户端,等待处理。在此部分中介绍文本的更新、简单的消息处理过程以及监听器的使用。

队伍满员后,切换到选择界面。选择界面负责玩家英雄的选择。需要显示可选的英雄列表。因每个玩家所拥有的英雄不同,所以英雄列表的加载不是简单地将所有的资源加载出来,而是通过读取服务器端返回的消息数据选择性地加载。当玩家选择某一英雄后,可通过"确定"按钮进入战斗场景。至此战斗开始。

在主场景逻辑开发时,会利用部分框架中的内容,为了使读者的学习更轻松,首先来介绍一些相关的知识点,并通过一个范例来演示。

事件机制,顾名思义就是传递事件的机制。软件开发中常用消息通知、接收的处理方式来驱动逻辑运行,可以大大降低模块之间的耦合度,使软件设计和代码实现的过程更加灵活、独立和简单。同时也不需要关注太多模块外的关联性。在游戏

第 3 章 游戏局外主要逻辑开发实现

中通常会有大量的事件产生，因此需要注册相应的事件处理器。那么事件又是如何注册与执行的呢？这些都需要消息管理中心来处理。消息机制的原理很简单：事件由事件源达到某触发条件时发出，事件管理中心接收并广播给注册了该事件的所有接收者。具体实现的内部原理可以参考框架部分源代码，下面只介绍框架中提供功能的使用方法。

3.1.1 事件定义

想要执行某一个函数，需要给这个函数一个标识符，这样可以通过标识符找到这个函数。标识符就是接下来要介绍的事件 ID。注册时，利用事件 ID 与事件对应的处理方法进行绑定；广播时根据事件 ID 来寻找与之绑定的方法。游戏中有很多事件，作为每个事件的标识符，可以把游戏中所有的事件集中在一起。

新建一个脚本，命名为 UserEventEnum，双击打开。将 UserEventEnum 改为枚举，并创建第一个枚举类型 UserEvent_NotifyBase。为了防止与框架中枚举值冲突，第一个枚举类型的值可以衔接框架中的最后一个值，代码如下所示。

```
public enum UserEventEnum
{
    UserEvent_NotifBase = GameEventEnum.UserEvent_Base,
}
```

在添加事件时，事件名称可以类似于 UserEvent_NotifyBase 样式，以逗号结尾。命名时要有意义，使开发者很容易辨别此事件的目的。这样就添加了一个消息 ID。

> **小知识**
>
> 快速定位到某个函数或者类的位置：鼠标定位在相应单词上，按 F12 键可以快速切换到对应的函数或者类中。

3.1.2 事件注册

事件 ID 作为标识符用来表示不同事件类型。EventCenter 提供了绑定事件的处理函数 AddListener。AddListener 的作用是在 EventCenter 中将事件 ID 与处理函数绑定在一起，类似字典中的键值对，对应的值是处理函数列表。事件处理函数在注册时，被添加到处理列表中，最终会和对应的事件形成一对一、一对多的映射关系，代码如下所示（当事件被触发时，可以直接通过这个事件映射到对应的函数列表，顺序调用列表中的函数。AddListener 中的模板参数是根据事件函数的参数类型而确定的）。

```
EventCenter.AddListener<参数类型1,参数类型2,...>(消息ID,事件函数);
```

那么在哪里注册消息呢？有一点是肯定的，那就是在广播消息之前。接下来介绍事件广播。

3.1.3　事件广播

事件注册完成之后，如果想要调用此事件该如何做呢？可以通过 EventCenter 中的 BroadCast 调用来完成，此函数的实质就是去执行方法。为消息 ID 注册了事件后，根据具体逻辑调用对应函数。使用方式如下所示。

```
EventCenter.Broadcast(消息ID,参数1,参数2,...);
```

3.1.4　使用范例

上面已经了解了事件机制的实现原理，游戏中可以利用框架中的事件机制来实现驱动逻辑，进一步巩固学习的内容。下面来做一个测试程序。

Step 01 打开 UserEventEnum 脚本。在此脚本的末尾定义两个消息，代码如下所示。

```
public enum UserEventEnum
{
    UserEvent_NotifyBase = GameEventEnum.UserEvent_Base,
    UserEvent_MainTest1,     //MainTest 中注册的消息定义的 ID
    UserEvent_MainTest2,     //MainTest 中注册的消息定义的 ID
}
```

Step 02 重新创建一个脚本 MainTest，在 Start 初始函数中添加两个监听器，代码如下所示（这两个监听器一个是带参数的，一个是不带参数的。此处以无参数的监听器为例，另外一个可以给读者参考。在为消息添加监听器时，消息直接通过 UserEventEnum 找到自己定义的消息。Test1 表示事件函数）。

```
public class MainTest : MonoBehaviour
{
    static float timer = 0;
    void Start()
    {
        EventCenter.AddListener(UserEventEnum.eGameEvent_MainTest1, Test1);
```

```
                               // 注册事件 Test1 是没有参数的方法
    EventCenter.AddListener<int>(UserEventEnum.eGameEvent_MainTest2,
Test2);         // 注册事件 Test2 是带有一个参数的方法
    }
}
```

Step 03 定义事件处理函数 Test1 和 Test2，每个函数中输出一句话或者变量。代码如下所示。

```
public void Test1()
{
    Debug.Log("事件处理");
}
public void Test2(int number)
{
    Debug.Log(number);
}
```

Step 04 在 Update 函数中进行广播，这里利用了一个计时器，代码如下所示（当游戏运行后，每 5 秒就会广播事件。事件的参数是第一步所定义的事件 ID）。

```
void Update()
{
    timer += Time.deltaTime;
    if (timer >= 5f)
    {
        EventCenter.Broadcast(UserEventEnum.eGameEvent_MainTest1);//广播事件
        EventCenter.Broadcast(UserEventEnum.eGameEvent_MainTest2,10);
                                                // 广播事件并返回一个参数
        timer = 0;
    }
}
```

Step 05 将 MainTest 脚本挂载到场景中的 Camera 对象上，单击运行。5 秒钟后，如图 3-2 所示，控制台中输出了执行函数中打印的内容。由此证明该事件在消息广播时被调用。

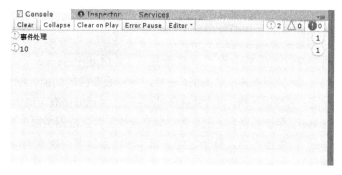

图 3-2

3.2 游戏网络通信开发

网络游戏开发过程缺少不了通信内容，网络细节的处理在框架中已经有了完整的实现，详细内容可以参考框架中网络模块章节。本节主要介绍如何利用框架封装好的网络消息处理机制来发送和接收消息。

NetWorkManager 是核心的网络处理模块，处理客户端网络相关的所有功能。这里介绍如何通过 NetWorkManager 连接服务器端、接收消息。

3.2.1 设置服务器信息

通过 Init 初始化函数，可以设置服务器端 IP 地址、端口等。本节调用此函数来指定连接的服务器。代码如下所示。

```
NetworkManager.Instance.Init(服务器地址,端口号,服务器类型,是否接收数据);
```

在这里涉及几个参数，如服务器地址、端口号等。接下来，介绍每个参数的意义。

◎ 地址与端口

Init 函数的前两个参数指定服务器地址与端口。服务器地址是一台主机的标识符，一般将其定义为字符串类型；端口号用来标识主机中的某一个进程，通常将其定义为 Int 类型。代码如下所示。

```
string mLoginServer="holytech.insideria.cn";// 服务器地址
int port = 49998;// 端口号
```

◎ 服务器类型

本游戏的服务器分为 3 种类型：登录服务器（LoginServer）、平衡服务器（BalanceServer）、网关服务器（GateServer）。各种服务器的功能介绍如下。

- ❏ LoginServer：登录服务器，负责校验账号与密码，并返回所有可用的服务器的列表。
- ❏ BalanceServer：平衡服务器，记录客户端登录情况并返回网关服务器的 IP 与地址。
- ❏ GateServer：网关服务器，负责功能逻辑，所以最终客户端要连接的服务器是网关服务器。

◎ **是否接收网络消息**

最后一个参数是个布尔值，表示是否接收消息。False 代表在执行原来的处理消息函数；True 代表可以在任意地方接收消息，需要注意的是必须提前注册接收消息的事件。

3.2.2 网络信息处理

当服务器地址与端口设置完成后，需要在脚本的 Update 函数逐帧处理网络通信信息，包括服务器连接检测、消息的收发。因此，需要在 Update 函数中调用如下代码。

```
NetworkManager.Instance.Update(Time.deltaTime);
```

3.2.3 消息序列化与反序列化

在通信过程中，为了尽可能地缩短消息体的长度，通常消息是以二进制流进行传递的，在消息发送时，需要将消息体编码为二进制流；在消息接收后，需要对消息进行解码，并反序列化后生成对象。为了进一步介绍序列化和反序列化的基本原理，下面用一个示例来学习如何对消息体进行序列和反序列化的操作。这个示例的目标是将包含人物 ID 与 name 的对象进行序列化与反序列化操作。

◎ **消息序列化（创建消息体）**

c# 自带序列化模块，可序列化的消息类型有很多种，比如所有继承 UnityEngine.Object 的类、所有的基本数据类型、Unity 自定义数据类型（需带有 Serializable 标签），静态字段与属性则不能序列化。下面通过示例自定义序列化的类型和格式，来介绍如何序列化和反序列化一个对象，完整地展示用自己的代码进行编解码的过程。

首先，新建一个脚本 TestSerialize，双击打开。在脚本中创建一个类 Info，包含两个字段，ID 与 name，并在 TestSerialize 中的 Start 函数中创建 Info 的对象并赋值，如下所示。

```
public class Info
{
    public Int32 id;
    public string name ;
}

public class TestSerialize : MonoBehaviour
```

```
{
    void Start()
    {
        Info info = new Info();
        info.id = 1;
        info.name = "xiaogu";
    }
}
```

> **小提示**
> Int32 需引用 Systerm 的命名空间。

◎ **消息序列化（序列化编码实现）**

在此脚本中新建一个类，命名为 SerializeTool，并挂载到场景中的 Camera，接下来在此类中创建序列化与反序列化的工具函数。序列化函数 Encode 的功能是将消息体写入数据流。序列化的规则是通信双方定义好的，Info 类对象要对 ID 与 name 字段进行序列化，序列化后的格式如图 3-3 所示，前四个字节为 ID，第五个字节为 name 字符串长度，从第六个字节开始是 name 的详细内容。因为 id 为 Int32 类型，表示是 32 位整数，所以包含 32 个 bit，每个字节包含 8 个 Bit，因此需要 4 个字节存储数据。这里假定字符串不超过一个字节的长度，最大为 255。

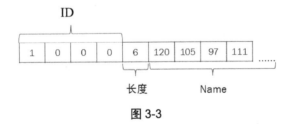

图 3-3

Encode 代码的序列化主要利用内存流 MemoryStream 中 Write 函数，将数据转换到二进制并存储在 MemoryStream 对象中，因此创建一个 MemoryStream。MemoryStream 派生自基类 Stream，实现了对内存数据读/写的功能。其中 Write 函数将值从缓存区写入 MemoryStream 流对象。WriteByte 函数负责从缓存区写入 MemoytStream 流对象一个字节。使用 Write 时需要添加三个参数，如下所示。

```
public override void Write(byte[] buffer, int offset, int count);
```

❑ buffer：表示要写入的字节数组。

- offset：是指 Buffer 中的字节偏移量，从此处开始写入。
- count：是指最多写入的字节数。

> **小提示**
>
> 使用 MemoryStream 时需要引用 System.IO 的命名空间。

```
public static byte[] Encode(Info value)
{
    byte[] idData = BitConverter.GetBytes(value.id);// 将 ID 转换为字节数组
    byte[] nameData = System.Text.Encoding.UTF8.GetBytes(value.name);
    // 将 name 转换为字节数组
    int len = idData.Length + 1 + nameData.Length;// 获取长度
    MemoryStream ms = new MemoryStream(len);       // 创建 Len 长度的 Stream

    ms.Write(idData, 0, idData.Length);            // 写入 ID
    ms.WriteByte((byte)nameData.Length);           // 写入长度
    ms.Write(nameData, 0, nameData.Length);        // 写入 name

    // 返回序列化结果
    byte[] result = new byte[ms.Length];
    Buffer.BlockCopy(ms.GetBuffer(), 0, result, 0, (int)ms.Length);
    ms.Close();
    return result;
}
```

第一个写入数据是 Value 中的 ID 字段。Value 指代的是创建的 Info，在 Start 函数中需要用 Encode 函数。因为 Write 函数写入的是字节数组，所以需要先将 ID 转换为字节数组，利用 Systerm 中的 BitConverter.GetBytes 可以实现将 Int32 转换为字节数组，再写入 ms。写入完成后，ms 中包含着 ID 对应的字节流内容，如图 3-4 所示。这是执行到第一次写入 ID 时 ms 中的数据，通过打断点获取。

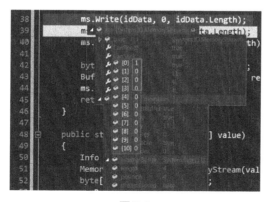

图 3-4

第二个写入的数据是 name 的长度,利用 WriteByte 写入。它与 Wirte 函数的区别是写入一个字节,且直接写入获取名称的长度。写入后的结果如图 3-5 所示。

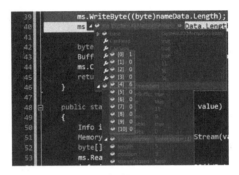

图 3-5

第三个写入的数据是 name 本身,同样利用 Write 函数。首先将 name 字符串转换为字节数组 nameData。利用 System.Text.Encoding.UTF8.GetBytes 将字符串转换为字节数组。写入完成后如图 3-6 所示。

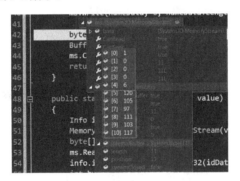

图 3-6

> **小结**
> 以上便是对象序列化的过程,简单来说是将字节数组中的数据写入 MemoryStream 中。那么如何将 MemoryStream 中二进制的数据流转化为对象呢?接下来介绍反序列化过程。

◎ 消息反序列化

反序列化的过程与序列化的过程都是以 MemoryStream 为媒介,反序列化过程是利用 Read 函数读取字节数组后转换为相应的数据。反序列化对象过程代码如下所示。

Read 使用的语法:

```
MemoryStream.Read(byte[] buffer,offset,count)
```

buffer: 将读取的内容输出到字节数组。
offset: 读取字节数组位置的偏移量。
count: 要读取的字符数。

```csharp
public static Info Decode(byte[] value)
{
    Info info=new Info ();
    MemoryStream ms = new MemoryStream(value);
    byte[] idData = new byte[4];                        //ID 数据缓存区
    ms.Read(idData, 0, 4);                              // 读取 ID
    info.id = BitConverter.ToInt32(idData, 0);          // 转换数据

    int bylen = ms.ReadByte();                          // 读取长度
    byte[] nameData = new byte[bylen];// 根据长度设置 name 数据缓存区
    ms.Read(nameData, 0, bylen);                        // 读取 name
    info.name = System.Text.Encoding.UTF8.GetString(nameData);// 转换数据
    return info;
}
```

创建一个 Info 对象,用来保存反序列化后的结果。调用此函数时需要在 Start 中调用 Decode 函数进行反序列化,参数是字节数组,这里可以使用 Encode 函数得到字节数组。

然后读取 4 个字节,转换为 Int32 类型。先定义一个字节数组,用于缓存读取的 ID 数据。再利用 BitConverter.ToInt32 将字节数据转换为 Int32 类型的 ID。

再次读取 name 数据并将其转换为字符串。在创建缓存字节数组时,需要知道 name 的长度,所以要先获取 name 的长度。根据长度去创建大小适合的数据缓存区。读取数据到缓冲区。完成后利用 System.Text.Encoding.UTF8.GetString 将字节数组转换为字符串,并存储在 name 字段中。结果如图 3-7 所示。

图 3-7

◎ ProtoBuffer 反序列化应用

对于消息的反序列化处理,本书利用的是 PortocolBuffer 中的工具。Message Decode 封装了反序列化的过程,因此可以直接通过此函数对消息进行反序列化,使用方式如下:

```
ProtobufMsg.MessageDecode< 消息类型 >( 消息体 );
```

尖括号中表示需要传入消息的类型，消息类型是客户端与服务器端共同定义好的通信协议，如 AskGateAddressRet。本书中涉及的消息体类型可以直接通过工程作为参考。

小括号中需要传入客户端接收到的消息体，此消息体是二进制的数据流。通过此方式转换后返回真实的消息体。

> **小提示**
>
> ProtobufMsg 在 Common.Tools 命名空间内，并且不同的消息体类型包含在不同的命名空间内，所以需要引用命名空间。快速引用命名空间的方法：鼠标定位在消息类型上或者 ProtobufMsg 上，单击鼠标右键，选择 Resolve → Using... 命令，便可以快速添加命名空间。

3.3 登录逻辑实现

3.3.1 基础知识

在登录逻辑开发过程中，主要实现两大功能：显示服务区列表；组队匹配。在此过程中，会涉及一些基础知识点。下面通过示例对这些内容进行简单介绍，熟悉后再根据所学的知识将整个逻辑功能实现出来。

◎ **按钮触发函数**

在游戏运行过程中，经常会和界面进行交互。最直接的就是通过单击按钮，触发某个功能，本质上是执行某个或多个函数。在通过示例演示此功能的实现过程，可以分为以下三步。

- **第一步：定义功能函数**

首先，创建一个 ButtonEvent 脚本；然后，在此脚本中定义一个 Public 类型的功能函数。代码如下所示：

```
public void OnTestButtonClick()
{
    Debug.Log(" 开始游戏事件被调用 ");
}
```

● 第二步：添加组件

具体操作步骤如下。

Step 01 创建一个 Test 场景，在场景中创建一个 Sprite 对象，用于存放按钮皮肤，在 Sprite 对象中再创建一个 Label 对象用于显示文字，如图 3-8 所示。

图 3-8

Step 02 单击 Sprite 对象，将其改名为 Button，并添加碰撞器（BoxCollider）与按钮组件（UIButton），可通过如图 3-9 所示的 Add Component 按钮添加组件。

Step 03 修改碰撞器的大小，使其与按钮大小一致。此组件的主要作用是触发此按钮。

● 第三步：绑定功能函数

给按钮添加点击事件。具体操作步骤如下。

Step 01 将挂载 ButtonEvent 脚本的对象拖曳到 Notify 栏中，如图 3-10 所示。

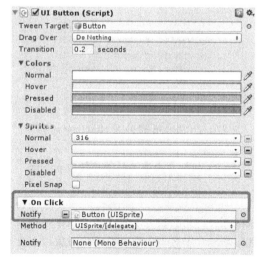

图 3-9　　　　　　　　　　图 3-10

由于在此场景中，把 ButtonEvent 脚本挂载到了 Button 按钮对象上，因此，拖曳的对象便是 Button 对象。

Step 02 指定要执行的函数，在 Method 处，选择定义功能函数的类，并选取对应的功能函数，如图 3-11 所示。

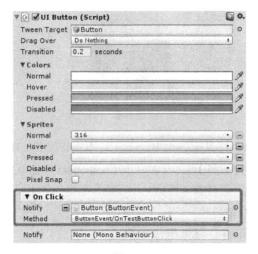

图 3-11

最后，运行游戏，可以在 Console 控制台中看到"开始游戏事件被调用"，说明此函数被调用。

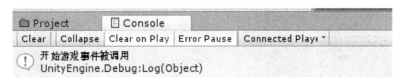

> **小提示**
>
> （1）UI Button 组件是 NGUI 中的脚本，框架中包含了 NGUI 插件，所以能够直接添加此组件。
>
> （2）按钮点击事件的修饰符为 public。

游戏中包含多个界面，界面与界面的切换可以利用 GameObject 类中的函数 SetActive。此函数可以停止渲染对象，而且场景中看不到停止渲染的对象，使用方式如下所示（参数表示是否显示此对象，True 表示激活显示此对象，False 表示禁用隐藏此对象）。

```
LoginUI.SetActive(布尔值);
```

◎ **字典的使用**

当程序中包含多种同类元素,并需要快速定位某个元素时,可以用集合中的 Dictionary(字典)。它可以快速地基于键值的方式查找元素。Dictionary 包含在 System.Collections.Generic 命名空间中。因此,使用它时,需要导入命名空间。其结构如下:

```
Dictionary<[键],[值]>
```

- **特点**
  - 它是键值对的映射,每个键都会有对应的值。
  - 每个键都必须是唯一的。
  - 键不能为空引用 null,若值为引用类型,则可以为空值。
  - 键和值可以是任何类型(string、int、custom class 等)。
- **使用方法**

Step 01 创建字典并初始化。代码如下:

```
Dictionary<int,string> myDictionary= new Dictionary<int,string>();
```

Step 02 添加元素。代码如下:

```
myDictionary.Add(123,"xiaogu");
```

Step 03 通过 Key 查找元素。代码如下:

```
if(myDictionary.ContainsKey(123))
{
    Debug.Log(myDictionary[123]);
}
```

将上述代码写入脚本中,完整示例代码如下所示:

```
using System.Collections.Generic;
using UnityEngine;

public class ButtonEvent : MonoBehaviour {
    Dictionary<int, string> myDictionary= new Dictionary<int, string>();
    private void Start()
    {
        myDictionary.Add(123, "xiaogu");
        myDictionary.Add(456, "xiaoming");
```

```
            myDictionary.Add(789, "xiaoli");
            if (myDictionary.ContainsKey(123))
            {
                Debug.Log("键123对应的值为: " + myDictionary[123]);
            }
        }
    }
```

保存脚本，并将脚本挂载到场景对象上，运行游戏，可以看到如图3-12所示的结果。

图 3-12

3.3.2 完善登录逻辑

◎ 创建游戏管理器

了解过基础知识点后，现在来完善登录逻辑。打开登录场景。此场景中包含着所有的 UI 界面。首先激活开始游戏的背景图，如图 3-13 所示，此界面就是登录界面。先来创建第一个脚本，实现登录过程。

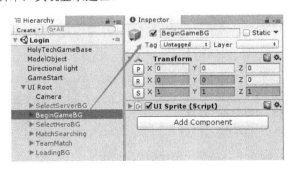

图 3-13

如图 3-14 所示，新建一个脚本，通过单击菜单栏 Assets → Create → C# Script 命令创建一个脚本，将其命名为 GameStart。此脚本可以作为游戏管理器，负责处理界面逻辑与消息，所以将此脚本挂载在场景中对象上。新建一个空物体，同样命名为 GameStart，并将脚本直接拖曳到此对象上。为了使资源整洁，先将开发的脚本存储在 Study 文件夹中，再双击打开。

第 3 章
游戏局外主要逻辑开发实现

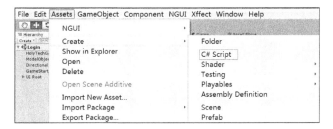

图 3-14

打开脚本后，里面存在两个方法：Start 与 Update，这两个函数在开发中都会被用到。Start 函数在游戏开始时会被系统调用，并且只调用一次，一般此类函数是程序执行的入口。Update 函数的每一帧都会被系统调用，每秒钟大约 60 次。登录的基本逻辑就在此脚本中完成。

◎ **开始登录事件**

登录界面中包含"开始"按钮，现在为"开始"按钮添加一个事件函数，函数名称可以命名为 OnPlaySubmit，代码如下所示（"开始"按钮的功能是连接服务器并登录，实际上就是通知服务器有一个客户端登录了。所以在此函数中需要连接服务器并输出一句话，这是为了单击按钮时方便观察）。

"开始"按钮的目的就是连接服务器，但是服务器有多种，最终处理功能的服务器是网关服务器 GateSever，但当用户数量过于庞大时，需要利用平衡服务器来分配区域，所以开始游戏时首先需要连接的是平衡服务器。

```
public void OnPlaySubmit()
{
    Debug.Log(" 开始游戏事件被调用 ");
    NetworkManager.Instance.Close();
    // 设置服务器信息
    NetworkManager.Instance.Init(mBalanceServer,port,NetworkManager.
    ServerType.BalanceServer, true);
}
```

◎ **网络消息接收处理**

想要在 GameStart 中接收服务器返回的消息，需先在 Awake 初始化函数中注册接收消息的事件，代码如下所示（其中，GameEvent_NotifyNetMessage 是消息类型，HandleNetMsg 是事件函数，这句话表示为消息接收添加了一个监听器，当客户端接收到此消息时，会直接调用 HandleNetMsg 来处理消息。此消息是在框架中 NetWorkManager 中接收到消息后广播的，这部分内容读者不用进行操作，只需要注册此事件即可）。

```
private void Awake()
{
    EventCenter.AddListener<Stream,int>(GameEventEnum.GameEvent_
    NotifyNetMessage, HandleNetMsg);
}
```

在脚本中创建一个名为 HandleNetMsg 的函数，并为此函数添加两个参数，如下所示（Stream 代表消息体，n32ProtocalID 代表消息类型。如果想清楚服务器返回的消息类型，可以直接在此函数中输出 n32ProtocalID）。

```
private void HandleNetMsg(Stream stream, int n32ProtocalID)
{
    Debug.Log("n32ProtocalID =  " + (GSToGC.MsgID)n32ProtocalID);
}
```

> **小提示**
>
> Stream 是系统提供的数据类型，如果想要使用 Stream，需要在类的最上方引用 IO 的命名空间：using System.IO。

◎ 网络消息处理

服务器连接成功之后，返回连接结果。消息的接收在 GameStart 中的 HandleNetMsg() 完成，因为接收服务器端的消息很多，所以并不在此函数中处理，而是转到了 MessageHandler 进行处理，消息处理流程如图 3-15 所示。

图 3-15

在 GameStart 类中接收到消息后，将此消息转到 MessageHandler 类中进行处理。如果在处理过程中需要用到 GameStart 中的数据或函数，可以将此消息再广播回来。接下来详细介绍网络消息的处理过程。

- HandleNetMsg

在 HandleNetMsg 中接收消息。定义时，包含两个参数：消息体与消息类型。代码如下（服务器端传回的所有消息都在此函数中进行处理，所以根据消息类型进行不同的操作。但如果在此函数中处理消息会使得此函数过于庞大。因此，在接收到消息之后，在 MessageHandler 中定义相应函数进行处理，MessageHandler 是新定义的一个类，稍后详解）。

```
private void HandleNetMsg(Stream stream, int n32ProtocalID)
{
    Debug.Log("n32ProtocalID =  " + (GSToGC.MsgID)n32ProtocalID);
    switch (n32ProtocalID)
    {
        case (int)BSToGC.MsgID.eMsgToGCFromBS_AskGateAddressRet:
        // 反序列化得到消息体
        MessageHandler.Instance.OnNotifyGateServerInfo(ProtobufMsg.Message
        Decode<AskGateAddressRet>(stream));
        break;
    }
    // 其他消息接收 ...
}
```

- **MessageHandler**

MessageHandler 是消息处理中心。主要作用是新建的一个类，代码如下所示（此类中专门定义消息处理函数。MessageHandler 中的函数定时都是以大写 On 开始，并结合消息类进行命名的。此类创建完成后继承 UnitySingleton，这样可以直接通过 MessageHandler.Instance 来调用消息处理函数）。

```
public partial class MessageHandler: UnitySingleton<MessageHandler>
{
    public int OnNotifyGateServerInfo(BSToGC.AskGateAddressRet pMsg)
    {
        // 消息广播
        EventCenter.Broadcast(UserEventEnum.UserEvent_NotifyGateServerInfo,
        pMsg);
        return (int)EErrorCode.eNormal;
    }
}
```

服务器接收到客户端的连接网关服务器的请求后，就会返回网关服务器的 IP 地址与端口，消息体中包含了网关服务器的 IP、端口等。用于连接网关服务器，但是本游戏的所有服务器的 IP 与端口是相同的，所以没有使用返回的 IP 地址与端口。

然而，网关服务器的 IP 与端口定义在 GameStart 中，所以返回 GameStart 中进行连接，那么如何调用 GameStart 中的函数呢？这里用到了框架中的消息机制。

◎ **连接网关服务器**

到此，onNotifyGateServerInfo 函数被调用，此函数目的就是连接网关服务器，代码如下所示。在连接新的服务器之前，要先断开之前的连接，才能重新开始连接服务器。断开连接是通过 NetWorkManager 中的 Close() 函数来实现的。然后通过 Init() 函数重新设置网关服务器的 IP 与端口，连接的服务器类型为 GateServer，最后一个参数依然是 true，代表在此类中接收消息。

```
void onNotifyGateServerInfo(AskGateAddressRet pMsg)
{
    NetworkManager.Instance.canReconnect = false;
    NetworkManager.Instance.Close();
    NetworkManager.Instance.Init(mGateServer, port, NetworkManager.
    ServerType.GateServer, true);
}
```

总结

单击"开始游戏"按钮后，最终的目的是连接网关服务器，最终连接函数在 GamaStart 中的 onNotifyGateServerInfo 中，由此连接完成。当连接完成后，网关服务器端依然会返回消息，接下来，所有的逻辑都是由服务器的消息来驱动进行的。

◎ 换区事件

换区功能就是将服务器端返回的登录服务区列表在客户端显示出来。完成此功能大概需要以下三步：

Step 01 切换界面。
Step 02 获取服务器信息。
Step 03 显示服务器列表。

下面通过这三步来完成显示服务区列表的功能。

- 切换界面

登录界面中还有一个功能就是换区，游戏开始时显示默认的服务区，单击"开始"按钮直接进行游戏。单击"换区"按钮时，可以切换到服务器窗口并且显示所有的服务器列表。为此，在界面中找到换区对象 ChangeSever 并为此添加 BoxCollider 与 UIButton、设置与此按钮绑定的事件 OnPlayServer。在 GameStart 中，此事件主要负责切换窗口，代码如下所示。

```
public void OnPlayServer(GameObject go)
{
    //showSever  首先显示窗体，其次显示列表
    bool showLogin = false;
    bool showServer = true;
    mRootLogin.gameObject.SetActive(showLogin);
```

```
    mRootSever.gameObject.SetActive(showServer);
    ShowSeverItem();
}
```

mRootLogin 与 mRootSever 是窗口的根节点，在 GameStart 中定义的公开的变量、所有的窗口的根节点或者预制体等，都是公开的变量并且在外部指定，如图 3-16 所示。将对象拖到指定的变量中去，脚本中定义的变量就有值了。

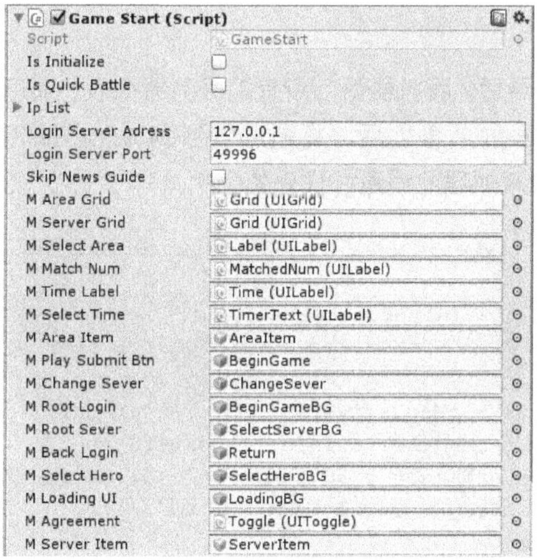

图 3-16

> **小知识**
>
> 定义的变量可以在外部指定，也可以利用 GameObject.Find 来寻找场景中的对象。

SetActive 函数是 GameObject 类中的函数，所有的对象都是 GameObject 的子类，所以子类可以直接使用父类中公有的函数。此函数用于激活或禁用对象，激活时，对象在场景中显示；禁用时，对象在场景中隐藏。由此，可以利用此函数对界面进行切换。隐藏开始界面 mRootLogin，显示 mRootSever 服务器界面。ShowSeverItem 函数负责显示服务器列表，但是列表信息是由服务器返回的，所以需先获取服务器列表的信息。

- 获取服务器信息

游戏运行后，单击"换区"按钮便可以显示服务器列表，因此在游戏一开始时就需要获取服务器列表的信息。服务器列表信息在连接登录服务器信息时返回，也就是说在游戏一开始时，就要连接登录服务器。

在 GameStart 中的初始化函数 Start 中,通过 Init 函数连接登录服务器,IP 地址与端口通过变量已经设置好,与其他服务器的 IP 是一样的,服务器类型选择为 LoginServer。代码如下所示。

```
void Start ()
{
   NetworkManager.Instance.Init(mLoginServer,port,NetworkManager.
   ServerType.LoginServer, true);
}
```

连接上登录服务器后,服务器返回所有的服务器列表。消息接收在 HandleNetMsg 中。接收到服务器列表的消息之后,将消息转到 MessageHandler 中,定义一个函数 OnNotifyServerAddr 用来处理此消息。代码如下所示。

```
public int OnNotifyServerAddr(LSToGC.ServerBSAddr pMsg)
{
   SelectServerData.Instance.Clean();
   for (int i = 0; i < pMsg.serverinfo.Count; i++)
   {
      string addr = pMsg.serverinfo[i].ServerAddr;
      int state = pMsg.serverinfo[i].ServerState;
      string serverName = pMsg.serverinfo[i].ServerName;
      string[] sArray = serverName.Split('/');
      string name = sArray[0];
      string area = sArray[1];
      int port = pMsg.serverinfo[i].ServerPort;
      // 添加到服务器列表中
      SelectServerData.Instance.SetServerList(i,name,(SelectServerData.
      ServerState)state, addr, port, area);
   }
   EventCenter.Broadcast(UserEventEnum.UserEvent_NotifyServerAddr);
   return (int)EErrorCode.eNormal;
}
```

pMsg 消息体中包含着所有服务器列表的信息。所以利用循环将列表信息获取,并添加到存储服务器信息的集合中。但是在添加之前首先要清空集合中所有的信息,以防信息重复。

> **小知识**
>
> 字符串分割可以使用 Split 函数,此函数将字符串分割成数组。

- 显示服务器列表

切换到服务器界面的目的是显示服务器列表并提供玩家选择。当界面切换到服务器选择界面时，定义的 ShowSeverItem 被调用，此函数负责生成服务器列表。mAreaItem 是服务器列表单元格，定义完成之后在外部指定，此对象指的是 Scroll View 父节点下 Grid 下的 AreaItem 子对象。利用 Instantiate 函数生成对象，此函数是 GameObject 类中的函数，负责生成对象。紧接着将生成的对象 obj 的位置、大小、父物体以及名称重新设置。创建完成所有的服务器单元格后，利用 mAreaGrid（网格）重新排列所有的单元格。代码如下所示。

```
public void ShowSeverItem()
{
    Dictionary<int,SelectServerData.ServerInfo>serverInfoDic=SelectServer
    Data.Instance.GetServerDicInfo();
    foreach (var item in mServerDict)
    {
        GameObject obj = Instantiate(mAreaItem);
        obj.gameObject.SetActive(true);
        obj.transform.SetParent(mAreaGrid.transform);
        obj.transform.localScale = Vector3.one;
        obj.transform.localPosition = new Vector3(0, 0, 0);
        obj.GetComponentInChildren<UILabel>().text = item.Key;
    }
    mAreaGrid.Reposition();
}
```

在生成的所有的服务器单元格中，每一个单元格都包含 BoxCollider 与 UIButton 组件，目的就是使每一个单元格可以实现按钮的功能。

3.4　匹配逻辑实现

3.4.1　Time 类基础知识

在游戏中经常会遇到有关计时的问题，比如记录匹配的时间等。在遇到这样的需求时，就会涉及 Unity 中 Time 类的使用。因此，在正式开始匹配逻辑前，先介绍相关知识点。

- Time.time：从游戏开始到现在的时间，游戏的暂停时停止计算。
- Time.timeSinceLevelLoad：表示从进入当前 Scene 到现在的时间，会因游戏暂停操作而停止计算。

- Time.deltaTime：表示从上一帧到当前帧时间，以秒为单位。计时器通常用它进行计时。
- Time.timeScale：时间缩放，默认值为1。值小于1，表示时间减慢；值大于1，表示时间加快。用于加速和减速游戏。

下面利用 Time 类的知识做一个简单计时器。

Step 01 创建一个 Test 场景，并在场景中创建一个 Label 用来显示时间。

Step 02 新建一个 TimeTest 脚本，并将此脚本挂载到 Label 对象上。

Step 03 打开脚本，定义公有变量 TimeText 表示场景中的 Label，并在场景中给 TimeText 赋值。

Step 04 利用 Time.deltatime 记录时间，但是 Time.deltatime 得到的时间为 float 小数类型，而通常在游戏中计时用到的是整数类型，并且会将时间转换成某种格式。因此，需要将时间转换为固定格式。例如 00:00:00（时:分:秒）。

Step 05 在 Update 函数中，Time.deltatime 累加得到的时间就是记录的时间，赋值给 seconds。当时间大于1分钟时，分钟 minutes 加1，并将秒数 seconds 清零，当分钟数 minutes 大于60时，小时数 hours 加1。时分秒数据获得后，利用 time 文本将数据以 00:00:00 的格式显示出来。代码如下所示。

```
public class TimeTest : MonoBehaviour
{
    public UILabel time;    //显示时间文本
    float seconds = 0;      //秒
    int minutes = 0;        //分
    int hours = 0;          //时
    void Update ()
    {
        seconds += Time.deltaTime;
        if (seconds >= 60)
        {
            minutes += 1;
            seconds = 0;
            if (minutes >= 60)
            {
                hours += 1;
                minutes = 0;
            }
        }
        time.text = hours.ToString ("00") + ":" + minutes.ToString ("00")
        + ":" +seconds.ToString ("00") ;
    }
}
```

Step 06 文本显示利用的是 UILabel 中的 Text 属性。所以直接获取 text 并将其赋值。

3.4.2 完善匹配逻辑

◎ 组队

UI 界面搭建中，组队界面已经完成，只是默认在隐藏状态。本游戏教程是一对一的网络游戏，所以本节忽略了进入游戏大厅的部分内容，直接开始组队匹配。客户端在连接服务器后，通过发送请求消息与服务器进行交互。先发送登录请求，服务器端验证完成后，会返回玩家信息等。所有发送消息通过 NetWorkManager 的 SendMsg 函数来完成，详细的原理不在这里赘述，有兴趣的读者可以参考框架部分内容。

发送消息时，消息的类型包含在通信协议中。如申请匹配的消息为 AskStartMatch，此消息发送给服务器端，服务器端执行相应的处理后应答给客户端，客户端进行后续的动作。协议部分先不过多叙述，等用到的时候再进行说明。

组队的详细流程如下。

Step 01 客户端发送请求匹配消息（发送 GCToCS.AskCreateMatchTeam 消息），调用 OnMatch 函数，代码如下所示：

```
public void OnMatch()// 申请匹配
{
    // 申请匹配
    var pMsg = new GCToCS.AskStartMatch();
    NetworkManager.Instance.SendMsg(pMsg, (int)pMsg.msgnum);
}
```

Step 02 服务器处理后会返回开始组队匹配的消息（GSToGC.MsgID.eMsgToGCFromGS_NotifyMatchTeamBaseInfo）。

Step 03 MessageHandler 注册上一步的消息处理，收到后对消息进行解码，接着广播 GameEventEnum.UserEvent_NotifyMatchTeamSwitch 消息。

Step 04 客户端 GameStart 模块收到广播的消息，调用 onNotifyMatchTeamBaseInfo 函数进行切换界面。

onNotifyMatchTeamBaseInfo 代码如下所示。

```
void onNotifyMatchTeamBaseInfo(bool state)
{
    TeamMatch.SetActive(state);// 显示组对界
}
```

TeamMatch 绑定了组队界面的根节点，通过 SetActive 进行激活，显示队伍匹配界面，如图 3-17 所示。

图 3-17

组队界面中包含"开始匹配"与"退出队伍"两个功能键,与之对应的是 UI 事件——OnMatch 与 OnQuitTeam。这两个 UI 响应事件的功能都是通知服务器客户端当前的状态,服务器端更新对应客户端的状态。因此,每个客户端界面的切换都是通过服务器消息来驱动的。OnQuitTeam 代码如下所示。

```
public void OnQuitTeam()
{
    // 退出队伍
    GCToCS.AskRemoveMatchTeam pMsg = new GCToCS.AskRemoveMatchTeam();
    NetworkManager.Instance.SendMsg(pMsg, (int)pMsg.msgnum);
}
```

◎ 匹配

返回匹配的消息(GSToGC.MsgID.eMsgToGCFromGS_NotifyMatchTeamSwitch)同上节相同,通过 MessageHandler 的解码处理,并通过内部消息 GameEventEnum.UserEvent_NotifyMatchTeamSwitch 广播,最终在 GameStart 中用 onNotifyMatchTeamSwitch 函数来处理。消息广播带有一个 bool 类型的参数,内容决定显示或隐藏匹配界面。MatchSearching 是匹配界面的根节点。在 GmaStart 中定义,并在外部进行指定。代码如下所示。

```
void onNotifyMatchTeamSwitch(bool state)
{
    MatchSearching.SetActive(state);
    mIsDownTime = state;
    this.mStartTime = 0;
}
```

在匹配过程中，为界面中的"取消匹配"按钮 Click 绑定事件处理函数 OnCancelBtn，单击按钮向服务器发出申请取消匹配消息 GCToCS.AskStopMatch，服务器接收到消息后，处理并转发相同消息给当前客户端。

```
public void OnCancelBtn()
{
    var pMsg = new GCToCS.AskStopMatch();
    NetworkManager.Instance.SendMsg(pMsg, (int)pMsg.msgnum);
}
```

- 匹配计时

匹配等待界面包含两部分信息：时长与匹配人数。时长的更新就是定时改变显示的数字，时长关联的 Label 变量 mTimeLabel 在 GameStart 中定义后，在场景中进行关联绑定。时间更新还需要 float 类型的变量 mStartTime 负责计时，显示时间格式 MM:SS，通过工具类 CTools 中的 ShowCount 函数将 float 的时间进行转换。代码如下所示。

```
Update()
{
    if (mIsDownTime)
    {
        mStartTime += Time.deltaTime;
        mTimeLabel.text = CTools.ShowCount((int)mStartTime);
    }
}
```

只有显示匹配界面后才开始计时，所以需要定义一个变量 mIsDownTime 作为计时器的开关。在处理匹配界面显示的函数中打开或者关闭开关，同时将 mStartTime 置为 0。

- 匹配人数

匹配界面的另一部分显示当前已经匹配上的人数，人数的变化是服务器端通知客户端。界面只是显示匹配好的人数，显示匹配数量的 Label 变量定义和绑定同匹配计时，当客户端接收到 eMsgToGCFromGS_NotifyBattleMatherCount 的消息时，最终通过 GameStart 中的 onNotifyBattleMatherCount 的函数来处理显示。代码如下所示。

```
void onNotifyBattleMatherCount(BattleMatcherCount pMsg)
{
        //  更新玩家匹配数量
        mMatchNum.text = "(" + pMsg.count + "/" + pMsg.maxcount + ")";
}
```

BattleMatcherCount 消息体中包含着当前匹配上的人数和最大个数。客户端将消息中的内容格式化后显示。

3.5 英雄选择逻辑实现

3.5.1 基础知识

英雄选择模块的实现包含的内容相对于前边课程较多，涉及的知识点也有很多。为此，在实现英雄选择模块前，首先介绍相关知识点，主要包含 5 点。

◎ **生成对象（Instantiate 函数）**

Instantiate 函数是 Unity3D 中实例化的函数，也是对一个对象进行复制操作的函数。利用此函数可以将模板对象的所有子物体和子组件完全复制，成为一个新的对象。实例化后的新对象拥有与模板对象完全一样的属性，包括坐标值等。模板对象可以是场景中的对象，也可以是一个预制体（Prefab）。下面来看如何利用此函数在场景中生成一个对象。

Step 01 新建一个 Test 场景，在场景中创建一个对象 Cube。
Step 02 创建一个脚本 InstantiateTest，挂载到场景中的 Cube 对象上。
Step 03 打开脚本，定义一个公有变量 cube，类型为 GameObject 并在场景中赋值。
Step 04 利用 GameObject.Instantiate 重新生成一个对象。代码如下所示。

```
public class InstantiateTest: MonoBehaviour
{
    public GameObject cube;
    void Start ()
    {
        GameObject.Instantiate(cube);
    }
}
```

Step 05 保存脚本，并单击 Unity 运行按钮，在 Hierarchy 面板上，出现了一个 Cube(Clone) 对象，如图 3-18 所示。

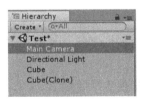

图 3-18

由于创建的对象（Cube(Clone)）与原对象（Cube）的所有属性均一致，因此在 Game 视图中直观上只能看到一个 Cube 对象，为了在观察时更为便捷，引入一种新的创建对象方式，将 Cube 作为资源加载到场景中，下面就来介绍资源加载。

◎ 资源加载（Resources.load）

Resources.load 是将物体加载到内存中去，并非直接在场景中显示出来，因此，在利用此资源生成对象时经常会搭配 Instantiate。使用这种方式加载资源时，需要先在 Assets 目录下创建一个名为 Resources 的文件夹（名称不能改），然后把资源文件放进去，当然也可以在 Resources 中再创建子文件夹，动态加载时需要添加相应的资源路径。下面来看如何利用此函数加载资源并生成对象。

Step 01 在 Test 场景中将 Cube 拖曳到 Projcct 视图中制成预制体，并拖曳到 Resources 文件夹中。

Step 02 创建一个脚本 ResourceTest，挂载到场景中 Camera 对象上。

Step 03 打开脚本，利用 Resources.load 去加载资源文件夹中的对象。加载时，直接根据资源的名称加载。

Step 04 获取资源后，可以利用 Instantiate 函数创建资源对象。代码如下所示。

```
void Start ()
{
    GameObject obj= Resources.Load("Cube")as GameObject;
    GameObject.Instantiate(obj);
}
```

Step 05 保存脚本，并单击"运行"按钮。在 Hierarchy 面板上，可以看到多了一个 Cube(Clone) 对象，并且在 Game 视图中出现了相应的对象，如图 3-19 所示。

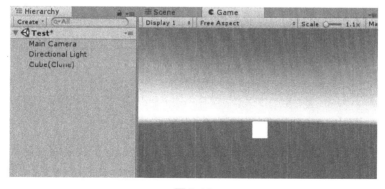

图 3-19

◎ 事件监听器（UI EventListener）

玩家可以与界面进行交互，因为添加了 UI Button 等组件。但是如果动态生成的对象想要实现点击事件功能，动态绑定执行函数就比较麻烦了，因此利用 NGUI 中的 UIEventListener 为 UI 对象绑定执行函数。具体操作过程如下。

Step 01 在 Test 场景中新建一个 UI Sprite，并添加一个 BoxCollider 组件，BoxCollider 的大小与 UI Sprite 大小一致。

Step 02 重新定义一个变量 sprite，类型为 UI Sprite，并且在函数外部定义。

Step 03 利用 NGUI 中的 UIEventListener 为对象添加一个点击事件。代码如下所示。

```
public UISprite sprite;
void Start ()
{
    UIEventListener.Get(sprite.gameObject).onClick=(GameObject go)=>
    {
        Debug.Log("点击了此对象");
    }
}
```

Step 04 鼠标点击场景中的图片，在控制台中输出"点击了此对象"。如图 3-20 所示。

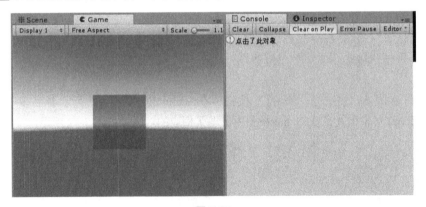

图 3-20

◎ 精灵图片（UI Sprite）

游戏中的界面是通过 NGUI 来搭建的。搭建界面时，图片是通过设置组件中的 Sprite（名称）来设置的，如图 3-21 所示。因此更改 Sprite 图片时，只需要重新指定图片的名称即可，但是指定的图片必须是当前图集中的图片。具体操作过程如下。

第 3 章
游戏局外主要逻辑开发实现

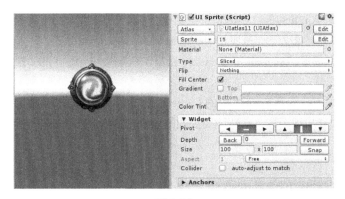

图 3-21

Step 01 利用 NGUI 创建一个 Sprite，并为此设置一个精灵图片。

Step 02 在脚本中新建一个变量 sprite，类型为 UI Sprite，并在场景中赋值。

Step 03 通过重新设置精灵图片的名称可以更新图片。指定图集后，单击 Sprite 便可以查看所有图片的名称。代码如下所示。

```
public UISprite sprite;
void Start ()
{
        sprite.GetComponent<UISprite>().spriteName = "14";
}
```

Step 04 场景中的图片更新完成，如图 3-22 所示。

图 3-22

◎ **场景加载（SceneManager）**

游戏中经常会包含不同的场景，会涉及场景的跳转。随着 Unity 的不断更新，

53

之前的场景加载 Application.LoadLevel 已经被弃用，而新的场景加载的用法会使用到 SceneManager 中的函数。下面来看如何利用 SceneManager 切换场景。具体操作过程如下。

Step 01 创建两个场景：Scene1 和 Scene2。在第二个场景中添加 Label 来进行标识，便于两个场景的区分。

Step 02 新建脚本，挂载到 Scene1 中的 Camera 对象上，双击打开。利用 SceneManager.LoadScene 函数去加载场景。参数为要加载的场景的名称。代码如下所示。

```
void Start()
{
    SceneManager.LoadScene("Scene2");
}
```

Step 03 单击 File → Build Settings 命令，将新创建的场景添加到 Scenes In Build 中，如图 3-23 所示。

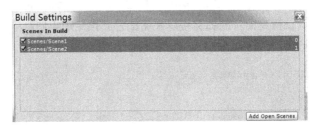

图 3-23

Step 04 运行后，场景由 Scene1 切换到 Scene2 中，如图 3-24 所示。

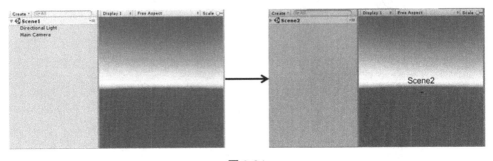

图 3-24

3.5.2　完善英雄选择

游戏匹配结束后，服务器端进入英雄选择模块，模块中简化了英雄选择的过程。

主要包含下面 5 个部分：
- 切换选择界面。
- 英雄列表。
- 选择英雄。
- 确定英雄。
- 场景切换。

英雄选择的进行是由消息驱动的。在此模块中，服务器端返回了可选英雄的列表、敌方选择信息、我方信息等。客户端根据不同的信息进行处理。消息的接收同样在 HandleNetMsg 中，消息处理在 MessageHandler 中，如果有必要可以将消息广播回来，广播回来时定义相关函数进行处理。

◎ 切换选择界面

客户端处理的第一个消息是 eMsgToGCFromGS_NotifyBattleSeatPosInfo，接收到此消息时，定义一个函数来显示选择界面。在函数中将其他界面隐藏，仅将选择英雄的界面显示出来，代码如下所示。

```
void onNotifyBattleSeatPosInfo(BattleSeatPosInfo pMsg)
{
    TeamMatch.SetActive(false);
    MatchSearching.SetActive(false);
    BeginGameBG.SetActive(false);
    mSelectHero.SetActive(true);
    mIsSelectHero = true;
    mStartTime = 10f;
}
```

服务器端返回的消息中包含每个队员的位置信息，本游戏只有一对一模式，所以没有涉及所有队员的位置信息。后期课程优化时会利用此消息对所有对象进行排列。

◎ 英雄列表

第二个要处理的消息是英雄选择列表，进入选择界面后首先要显示可选英雄的列表，英雄列表信息包含在服务器返回的消息体中，在接收到 eMsgToGCFromGS_NotifyHeroList 的消息时，定义一个函数 onNotifyHeroList 处理英雄列表。代码如下所示。

```
void onNotifyHeroList(HeroList pMsg)
{
    foreach (var id in pMsg.heroid)
    {
        var heroInfo = ConfigReader.HeroSelectXmlInfoDict[(int)id];
        if (heroInfo != null)
```

```
    {
        LoadSelectHero(heroInfo.HeroSelectHead,heroInfo.
        HeroSelectNum,heroInfo.HeroSelectNameCh);
    }
    String path = "Monsters" + "/" + ConfigReader.HeroSelectXmlInfoDict[(int)
    id].HeroSelectName;
    LoadModel((int)id, path);
    }
}
```

返回的消息体中包含着每个玩家的 ID，因为不同玩家所用有的英雄是不同的，所以根据玩家的 ID 去加载可选英雄的配置文件。heroInfo 就是根据玩家 ID 加载的可选英雄的信息，如果加载成功，则显示所有的可选英雄的列表，并加载所有的英雄模型。重新定义两个函数：LoadSelectHero 与 LoadModel。LoadSelectHero 负责显示所有的英雄列表，LoadModel 负责加载列表中英雄对应的模型，但是并不在此时显示，而是在点击某个英雄时显示，如图 3-25 所示。

图 3-25

- **创建英雄图标**

创建英雄图标的整个流程如图 3-26 所示。

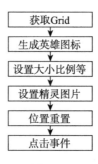

图 3-26

LoadSelectHero 负责将所有可选英雄图标显示出来，并为所有的英雄图标添加点击事件。代码如下所示。

```
void LoadSelectHero(int heroSelectHead, int heroSelectNum, string name)
{
    mMidShow.SetActive(true);        // 激活
                                     // 获取 Grid
    Transform gridTrans = mMidShow.transform.Find("HeroBox").
    Find("Grid");
    UIGrid grid = gridTrans.GetComponent<UIGrid>();
    GameObject HeroItem = GameObject.Instantiate(mHeroItem);
    HeroItem.transform.parent = mMidShow.transform.Find("HeroBox").
    Find("Grid");
    HeroItem.transform.localScale = Vector3.one;
    HeroItem.transform.localPosition = Vector3.zero;
    HeroItem.name = "HeroBox" + (heroSelectHead + 1).ToString();
                                     // 头像的设置
    Transform head = HeroItem.transform.Find("frame");
    head.GetComponent<UISprite>().spriteName = heroSelectHead.ToString();
    HeroItem.GetComponentInChildren<UILabel>().text = name.ToString();
    HeroItem.SetActive(true);        // 显示
    grid.Reposition();               // 滚动区域列表排序
    UIEventListener.Get(HeroItem.gameObject).onClick = (GameObject go) =>
    {
        GCToSS.TrySeleceHero pMsg = new GCToSS.TrySeleceHero
        {
            heroid = heroSelectNum;
        }
        NetworkManager.Instance.SendMsg(pMsg, (int)pMsg.msgnum);
    };
}
```

mMidShow 是选择英雄界面 SelectHeroBG 下的 HeroList，此变量在 GameStart 中定义完成后，在外部指定。获取 UIGrid 组件时就是在此对象下获取 Grid 对象再获取组件的。

生成英雄图标时利用 mHeroItem，此对象是一个预制体，预制体目录为 Resources/Prefab/Hero1，根据此模板生成英雄图标后重新设置它的大小比例以及头像图片。这里需要注意的是，在设置头像时只要将 UISprite 组件的图片名称更新便可以重置头像，头像的名称从参数中获取，所以在调用此函数时，第一个参数指的就是头像图片的名称。创建完成之后，利用 Grid 组件将生成的位置自动重置。

此函数中最重要的内容就是为生成的英雄图标添加点击事件，当玩家点击了某一个英雄时，要向服务器发送消息，通知服务器客户端的选择。所以此事件就是向服务器端发送选择英雄的消息。

- **加载模型**

LoadModel 函数将模型 ID 与路径传过来，利用这两个参数去加载模型并生成，但是创建完成后所有的模型都隐藏了，并没有显示出来。最后将生成的模型添加到 heroModelTable 字典中。代码如下所示。

```
void LoadModel(int typeid, string path)
{
    GameObject heroModel = Resources.Load(path) as GameObject;
    GameObject model = GameObject.Instantiate(heroModel);
    model.SetActive(false);
    heroModelTable.Add(typeid, model);
}
```

heroModelTable 是一个字典，定义方式如下所示。其中，第一个参数是模型的 ID，第二个参数就是模型本身。

```
Dictionary<int, GameObject> heroModelTable = new Dictionary<int, GameObject>();
```

◎ 选择英雄

英雄列表创建完成后，在点击某一个英雄时，客户端向服务器端发送选择英雄的消息。服务器端接收到此消息后返回 eMsgToGCFromGS_NotifyTryToChooseHero 的消息，接收到此消息时，经过消息的接收与反序列化，在 MessageHandler 中广播回来。定义一个函数用来处理此消息，代码如下所示。

```
void onNotifyTryChooseHero(TryToChooseHero pMsg)
{
    if (mCurHeroModel != null)
    {
        mCurHeroModel.SetActive(false);
    }
    tryTopMsg = pMsg;
    var spriteName = ConfigReader.HeroSelectXmlInfoDict[(int)pMsg.heroid].HeroSelectHead.ToString();
    heroSelectNum =ConfigReader.HeroSelectXmlInfoDict[(int)pMsg.heroid].HeroSelectNum;
    Transform Thumbnail = null;
    Transform name=null;
    GameObject model=null;
    int heroid = pMsg.heroid;
    if (pMsg.pos==1)
    {
        Thumbnail = teamSelectInfo.transform.Find("HeroIcon");
        name = teamSelectInfo.transform.Find("HeroName");
        Thumbnail.GetComponent<UISprite>().spriteName = spriteName;
        name.GetComponent<UILabel>().text = ConfigReader.HeroSelectXmlInfoDict[(int)pMsg.heroid].HeroSelectNameCh.ToString();
        foreach (var key in heroModelTable.Keys)
        {
```

```
                model = heroModelTable[key];
                if (key == heroid)
                {
                    model.transform.localPosition = new Vector3(-0.2f,
                    -0.7f, -0.5f);
                    model.transform.localRotation = Quaternion.Euler(new
                    Vector3(0, 180, 0));
                    model.transform.localScale = new Vector3(0.7f, 0.7f, 0.7f);
                    mCurHeroModel = model;
                    model.SetActive(true);
                    return;
                }
            }
        }
    }
```

此函数的功能是更新选择英雄的头像并显示选择的模型。在传回的消息体中，包含了玩家的位置 pos。pos 等于 1 代表更新我方的英雄，所以当 pos 等于 1 时更新右边的头像，并在中间显示模型，模型在之前已经加载出来并被存储在 heroModelTable 中，可以直接通过消息体中的模型 ID 获取并显示。

◎ **确定英雄**

玩家选择某一个英雄后，可以通过单击"确定"按钮来通知服务器，定义一个函数并绑定到"确定"按钮上。消息体的类型为 SelectHero，利用 NetWorkManager 中的 SendMsg 将此消息发送，并在单击"确定"按钮后显示加载界面，隐藏其他的界面。mLoadingUI 是加载界面，定义完成后在外指定，指定的是 UI Root 下的 LoadingBG。代码如下所示。

```
public  void OnEnsureHero()
{
    GCToSS.SelectHero pMsg = new GCToSS.SelectHero()
    {
        heroid = (int)heroSelectNum
    };
    NetworkManager.Instance.SendMsg(pMsg, (int)pMsg.msgnum);
    mSelectHero.SetActive(false);
    mCurHeroModel.SetActive(false);
    mIsLoading = true;
    mLoadingUI.SetActive(true);
}
```

> **小提示**
>
> "确定"按钮上必须添加 BoxCollider 组件与 UIBtton 组件。

◎ 场景切换

确定英雄时，客户端发送消息通知服务器端已确定的英雄。服务器端接收到消息处理后返回，此时界面处于加载界面，如图 3-27 所示。

图 3-27

此界面主要为更新加载场景的敌我双方选择英雄的精灵图片，返回的消息体中包含敌我双方的位置信息。所以需要定义一个函数 onNotifyEnsureHero 来更新敌我双方选择的英雄图标。代码如下所示。

```
void onNotifyEnsureHero(HeroInfo pMsg)
{
    Transform Thumbnail = null;
    Transform heroName = null;
    Transform enmyName = null;
    var spriteName = ConfigReader.HeroSelectXmlInfoDict[(int)tryTopMsg.heroid].
    HeroSelectHead.ToString();
    if (tryTopMsg.pos == 1)
    {
        Thumbnail = MyHero.transform.Find("MyHeroIcon");
        heroName = MyHero.transform.Find("MyHeroIcon/MyHeroName");
        heroName.GetComponent<UILabel>().text = ConfigReader.
        HeroSelectXmlInfoDict[(int)tryTopMsg.heroid].HeroSelectNameCh.ToString();
        heroid = pMsg.heroposinfo.heroid;
    }
    else// 指定加载界面中敌方的英雄图标
    {
        Thumbnail = EnmyHero.transform.Find("EnmyyHeroIcon");
        enmyName = EnmyHero.transform.Find("EnmyyHeroIcon/EnmyHeroName");
        enmyName.GetComponent<UILabel>().text = ConfigReader.
        HeroSelectXmlInfoDict[(int)tryTopMsg.heroid].HeroSelectNameCh.ToString();
    }
    Thumbnail.GetComponent<UISprite>().spriteName = spriteName;
}
```

第 3 章
游戏局外主要逻辑开发实现

此函数内容直接分析 if-else 语句。在这两段代码中，目标就是更新图标。因此，主要步骤就是获取 UISprite，并重新设置精灵图片的名称。需要注意的是，名称的获取是通过配置文件读取的，而配置文件读取是根据选择的英雄 ID 来进行的。英雄头像的 ID 包含在 eMsgToGCFromGS_NotifyTryToChooseHero 的消息体中，所以在接收此消息体时，将此消息体保存下来。为什么在接收确定英雄消息中不包含选择英雄的 ID 呢？原本的游戏在选择英雄时是同时显示敌我双方的选择情况，类似于英雄联盟。而本游戏中在游戏选择时仅显示我方的选择情况，敌方的选择情况是在加载界面中显示的，所以敌方选择英雄的 ID 包含在上一个消息体中。也因此，在上一个消息体中将选择英雄的消息体获取并保存。

加载完成敌我双方选择英雄的功能后，服务器通过状态判断客户端的进程。服务器端游戏一开局即进行状态改变。比如匹配状态、英雄选择状态、加载状态等，每种状态的转换都会通过发送消息来驱动，发送的消息类型为 eMsgToGCFromGS_NotifyBattleStateChange。定义一个函数用来处理此消息。消息体中包含着游戏的状态。当服务器端的状态转换为战斗场景时，客户端便要加载场景了。因为现在本游戏中并没有涉及状态机的问题，所以在处理场景加载时只关心服务器端的状态是否为转换战斗场景，版本优化时会逐渐完善客户端的问题。

消息体中的 state 值为 2 时，代表场景加载。所以在此时去加载场景。但是加载场景要考虑一些问题，场景加载后，原场景的对象全部销毁，处理消息接收的 GameStart 也会销毁。那么在转换场景前先要停止消息的接收并移除消息接收的监听器。代码如下所示。

```
void onNotifyBattleStateChange(BattleStateChange pMsg)
{
    if (pMsg.state== 2)
    {
        mHandleMsg = false;
        EventCenter.RemoveListener<Stream,int>(UserEventEnum.GameEvent_
        NotifyNetMessage, HandleNetMsg);
        NetworkManager.Instance.Pause();// 暂停处理消息
        async=  SceneManager.LoadSceneAsync("pvp_001");
        GCToSS.LoadComplete pMsg = new GCToSS.LoadComplete();
        NetworkManager.Instance.SendMsg(pMsg, (int)pMsg.msgnum);
    }
}
```

定义一个新的变量 mHandleMsg。只有在它打开时才会接收消息。在场景切换时关闭。在 Update 函数中，将连接服务器端的语句加上判断条件，只有 mHandleMsg 为 true 时才会进行连接，代码如下所示（一开始游戏就会连接服务器端，所以在 Awake 函数中将此值设置为 true）。

```
if (this.mHandleMsg)
{
    NetworkManager.Instance.Update(Time.deltaTime);
}
```

加载场景时利用 SceneManager 中的异步加载函数 LoadSceneAsync，加载完成后返回加载结果。pvp_001 是场景的名称，此场景存在于 Scenes 文件夹中。场景加载完成后一定要通知服务器端加载完成。所以最后要发送 LoadComplete 消息，服务器端才能返回战斗场景的信息。

> **小提示**
>
> 使用 SceneManager 时，一定要引用命名空间 UnityEngine.SceneManagement。

第 4 章

战斗场景逻辑开发

当玩家选择英雄并确定后,游戏进入加载状态,当服务器返回进入战斗场景的消息时,加载场景。由此,进入战斗模块,并开启一场一对一的战斗。对于客户端来说,战斗模块主要分为两大部分:场景元素的生成与英雄控制,如下所示。场景元素主要包含地形的创建与英雄的创建。英雄控制主要包含移动控制自由状态控制、技能控制、血条控制与死亡控制。场景中的英雄不单单包含本地玩家所控制的英雄,还包括其他玩家的英雄。因此,两种英雄模型的控制会分别处理。

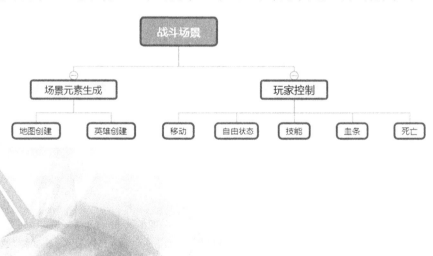

4.1 场景元素生成

4.1.1 地形生成

将场景切换到 pvp_001，该场景中不包含任何对象。在场景中创建一个地图 Terrain，Unity 编辑器自带功能完善的地形编辑器，支持以笔刷绘制的方式雕刻出山脉、峡谷、平原、高地等地形元素，也提供实时绘制地表材质纹理、树木种植、大面积草地布置等相关功能。另外，也支持地形相关资源的导入，可以让游戏场景看起来更加真实、细腻。

4.1.1.1 地形创建

先创建一个新的场景，然后打开菜单栏中的 Terrain → Create Terrain 命令，创建一个地形对象。如果要创建地形并实现山脉、峡谷、平原、高地、树木种植、大面积草地布置等功能的绘制，必须要了解和地形相关的知识点。

◎ 地形属性

选中 Terrain 地形对象，在 Inspector 中查看信息，如图 4-1 所示，主要包含三个组件。

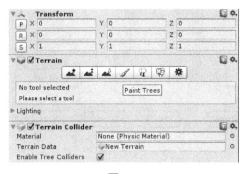

图 4-1

- Transform：地形与其他的游戏对象有些不同，地形支持 Transform（几何变换）组件中的 Position（位置）变换，但对于 Rotation（旋转）以及 Scale（缩放）操作是无效的。
- Terrain：Terrain 组件共包含 7 个选项按钮，利用这些选项可以绘制地形起伏、地表纹理或附加细节（如树、草、石头等）。
- Terrain Collider：地形碰撞器。

绘制地形主要依靠 Terrain 组件，如图 4-2 所示。Terrain 组件包含 7 个功能，从左往右依次是：提高和降低地形高度（此功能配合 Shift 可以使地形瞬间平整），绘制目标高度，平滑高度，绘制纹理、树木、花草，地形参数设置。下面详细介绍每个功能的使用方法。

Step 01 提高和降低地形高度（见图 4-2）。

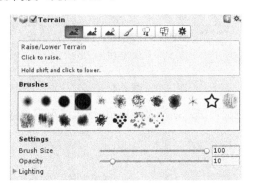

图 4-2

单击此选项按钮后，在展开的选项卡中，设置好 Brush Size（笔刷大小）、Opacity（不透明度）的值以及绘制时使用的 Brushes（笔刷），就可以在场景中用鼠标单击或拖动来绘制地形了。单击鼠标会增加高度，保持鼠标按下状态，移动鼠标，会不断地提升高度，直到其最大值。降低高度时，按住 Shift 键再单击鼠标即可。

Step 02 绘制目标高度（见图 4-3）。

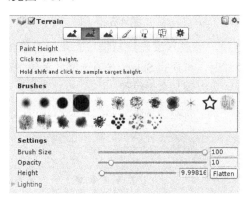

图 4-3

单击第 2 个按钮选项，一般用于绘制平整的高地或峡谷等地形。设置好 Brush Size（笔刷大小）、Opacity（不透明度）、Height（高度）的值以及绘制时使用的 Brushes（笔刷），就可以利用鼠标移动场景中地形的任意部分，直到理想高度。

Step 03 平滑高度（见图4-4）。

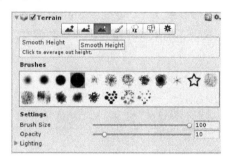

图 4-4

单击第3个按钮选项，可进入平滑高度模式。该模式用于柔化绘制的区域的高度差，使地形的起伏更加平滑。

Step 04 绘制纹理（见图4-5）。

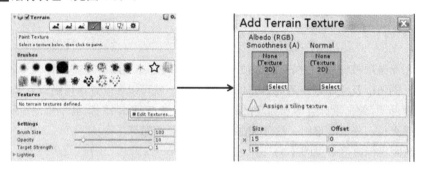

图 4-5

单击第4个按钮选项，可进入纹理绘制模式。单击 Edit Textures 按钮可添加、编辑、移除纹理。在添加时，可通过 Select 选项选择地形纹理，如图4-6所示。重复 Add Terrain Texture 过程，可以添加多个纹理。

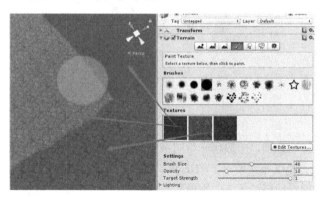

图 4-6

第 4 章
战斗场景逻辑开发

添加地形纹理以后，选择想使用的地形纹理，即可使用此纹理。拖动鼠标左键，对地形进行纹理绘制。

Step 05 绘制树木（见图 4-7）。

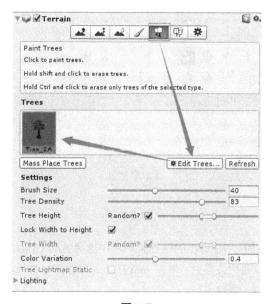

图 4-7

单击第 5 个按钮选项，进入植树模式。单击 Edit Trees 按钮，添加、编辑、移除树。重复 Add Tree 过程，可以添加多种树。选择使用的树，设置树的密度（Tree Density）为合适的值，即可将其绘制在场景中了。在场景中按住鼠标左键不放并拖动鼠标可在地形上连续种树。按住 Shift 键，然后单击地面，可以擦掉相应位置种植的树。

参数介绍（Settings）：

- Bush Size 笔刷的尺寸。设置植树时笔刷的大小，取值范围为 1～100。
- Tree Density 树木密度。用于控制树对象的间距。值越大，树木越密集、间距越小。取值范围为 10～100。
- Tree Height 树的基准高度。值越大，树木越高，取值范围为 50～200。
- Color Variation 每棵树的颜色所能够使用的随机变量值，取值范围为 0～1。

Step 06 绘制花草（见图 4-8）。

单击第 6 个按钮选项，可进入绘制花草模式。利用该模式可绘制草坪以及指定对草坪进行细节性描述的网格（Detail Mesh）。其中，Settings 下的 Target Strength 表示目标强度，用于控制种草以及添加细节网格时所产生的影响，取值范围为 0～1。

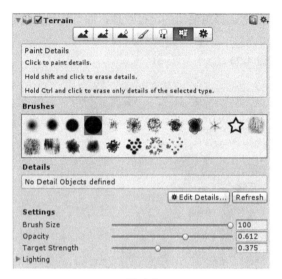

图 4-8

单击 Edit Details 按钮，在弹出的快捷菜单项中选择 Add Grass Texture 命令，然后选择某种草坪纹理，并设置相关参数，单击 Add 按钮即可添加一种草坪，与绘制树木相似。

Step 07 地形参数设置（见图 4-9）。

单击第 7 个按钮选项，进入地形设置模式。

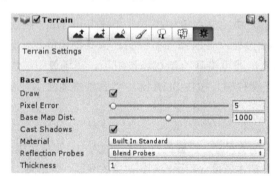

图 4-9

基本地形（Base Terrain）选项卡下的参数如下。

- Draw：是否绘制基本地形。
- Pixel Erroe：像素容差。这是在显示地形网格时允许的像素误差，是地形 LOD 系统的一个参数。
- Base Map Dist：基本地图距离。设置地形贴图显示高分辨率的距离。
- Cast Shadows：阴影。设置地形是否为投射阴影。

❑ Material：材质。通过单击右侧的圆圈按钮为地形指定材质。

树及细节配置（Tree & Detail Objects）选项卡下的参数如图 4-10 所示。

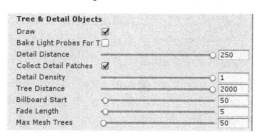

图 4-10

❑ Draw：选中该项，所有的树、草和细节模型都将被渲染出来。
❑ Detail Distance：细节距离。该项用于设定摄像机停止对细节渲染的距离。
❑ Detail Density：细节密度。该项用于控制细节的密度。默认值为 1，如果将此值调小，过密的地形细节将不会被渲染。
❑ Tree Distance：树林距离。该项用于设定摄像机停止对树对象进行渲染的距离。值越高，越远的树会被渲染。
❑ Billboard Start：开始广告牌。该项用于设定摄像机将树渲染为广告牌的距离。
❑ Fade Length：渐变距离。该项用于控制树对象从模型过渡到广告牌的速度，如果值设置为 0，模型会突变为广告牌。
❑ Max Mesh Trees：最大的网格树。该项用于控制在地形上所有模型树的总数量上限。

关于风的设置（Wind Settings for Grass）选项卡下的参数如图 4-11 所示。

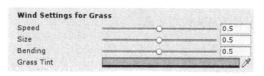

图 4-11

❑ Speed：速度。该项用于设定风吹过的速度。
❑ Size：大小。该项用于设定风力影响的面积。
❑ Bending：弯曲。该项用于设定草木被风吹的弯曲程度。
❑ Crass Tint：草的色调。该项用于设定所有草以及细节网格整体的色调。

如图 4-12 所示，Resolution 选项卡下的参数用于添加地形对象后设置相关的属性。参数含义如下。

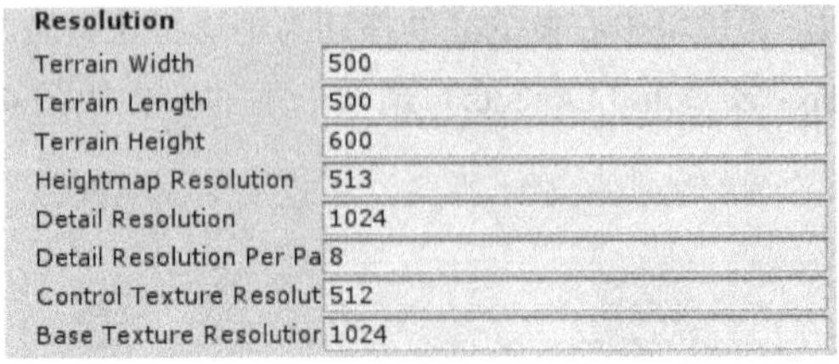

Resolution	
Terrain Width	500
Terrain Length	500
Terrain Height	600
Heightmap Resolution	513
Detail Resolution	1024
Detail Resolution Per Pa	8
Control Texture Resolut	512
Base Texture Resolutior	1024

图 4-12

- Heightmap Resolution：高度图分辨率。
- Detail Resolution：细节分辨率。控制草地和细节网格的地图分辨率。如果希望提高绘制性能，可将该数字设置得低一些，比如设置为 512 或者 256。
- Base Texture Resolution：基础纹理分辨率，用于代替有一定距离的贴图（splat map）的复合纹理分辨率。

4.1.1.2 导入地形

通过对地形设置的学习，读者可以一步一步地绘出想要的地图。游戏中的地图资源一般是由专业的美术人员精心制作出来的，作为教学产品，这里直接导入一个完整的地图，方便后续使用。将地图直接拖曳到战斗场景中，作为战斗场景的地形资源。有兴趣搭建地形的读者也可以参考课程 http://books.insideria.cn/101/10。

4.1.2 英雄生成

进入战斗场景中，通过服务器端传来的英雄 ID 信息加载对应模型并创建英雄对象。为了方便学习，将此过程拆分为以下 4 步：

（1）接收消息。
（2）加载模型。
（3）创建模型。
（4）英雄管理。

4.1.2.1 接收消息

英雄生成需要依靠服务器端消息来驱动，因此，要处理生成英雄的消息。在 Study 文件夹中新建脚本，命名为 GamePlay，连接网络，进行消息接收。

在进入战斗场景时，需要实现继续接收消息的功能，分为 3 步。

- 在 Start 函数中调用恢复消息接收函数。

```
void Start ()
{
    NetworkManager.Instance.Resume();  // 继续接收消息
}
```

- 在 Update 中处理网络连接与消息收发。

```
void Update ()
{
    NetworkManager.Instance.Update(Time.deltaTime);// 处理网络连接与消息收发
}
```

- 重新定义消息接收的函数 HandleNetMsg，处理接收的消息。需要在 Awake 中注册接收消息的监听器。

```
void Awake()
{
    EventCenter.AddListener<Stream, int>(UserEventEnum.GameEvent_
    NotifyNetMessage, HandleNetMsg);// 消息注册
}
void HandleNetMsg(Stream stream, int n32ProtocalID)
{
    Debug.Log("n32ProtocalID =  " + (GSToGC.MsgID)n32ProtocalID);
}
```

4.1.2.2　加载模型

消息重新接收后，可以根据消息来处理模型的显示。因此，当客户端接收到战斗英雄信息时（eMsgToGCFromGS_BroadcastBattleHeroInfo）需要加载英雄模型。消息的处理可以通过定义一个函数 onNotifyBattleHeroInfo 来完成。代码如下所示。

```
void onNotifyBattleHeroInfo(BroadcastBattleHeroInfo pMsg)
{
    foreach (BroadcastBattleHeroInfo.HeroInfo info in pMsg.heroinfo)
    {
        // 根据消息体中传回来的英雄 ID 来获取英雄的名称，并根据此名称得到完整路径
        string path = "Monsters" + "/" + ConfigReader.HeroSelectXmlInfoDict[(int)
        info.heroid].HeroSelectName;
        // 加载模型
        GameObject model= LoadModel((int)info.heroid, path);

        if (mPlayerModel.ContainsKey(info.heroid))
        {
            continue;
        }
        else {
            // 添加到 mPlayerModel 中
```

```
            mPlayerModel.Add(info.heroid, model);
        }
    }
}
```

在 GamePlay 中定义存储模型的字典 mPlayerModel，将加载的英雄模型存储到字典中。

```
public Dictionary<int, GameObject> mPlayerModel = new Dictionary<int, GameObject>();
```

> **注意**
> 　　LoadModel 函数是对 Resources.Load 资源加载方法的封装，因此英雄模型还要存储在 Resources 文件夹中。

Resources.Load 方法仅实现资源的加载功能，并不能将资源作为对象显示到场景中。接下来介绍如何在场景中动态创建模型。

4.1.2.3　创建模型

将敌我双方的英雄模型加载并添加到字典中后，接下来要显示英雄模型，并根据服务器返回的消息设置位置与方向等信息。当服务器端返回 eMsgToGCFromGS_NotifyGameObjectAppear 时，在 MessageHandler 中定义处理函数，若用到 GamePlay 中变量，可以将消息广播回来，并在 GamePlay 中定义一个函数处理此消息。处理消息函数如下所示。

```
void onNotifyGameObjectAppear(GOAppear pMsg)
{
    // 目的：创建并显示实体，设置实体信息
    foreach (GSToGC.GOAppear.AppearInfo info in pMsg.info)
    {
        // 位置方向转换
        Vector3 mvPos = this.ConvertPosToVector3(info.pos);
        Vector3 mvDir = this.ConvertDirToVector3(info.dir);
        // 为模型添加组件
        GameObject model = mPlayerModel[(int)info.obj_type_id];
        Player playerComponent = null;
        if (HolyGame.Instance.mMyGuid == sMasterGUID)
        {
            playerComponent = model.AddComponent<MyPlayer>();
        }
        else
        {
            playerComponent = model.AddComponent<Player>();
        }
        // 设置模型位置与方向
        model.transform.position = mvPos;
        model.transform.rotation = Quaternion.LookRotation(mvDir);
```

```
        model.SetActive(true);
    }
}
```

首先，英雄的模型都存储在 mPlayerModel 字典中，根据模型的 ID 可以获取每个模型。获取到模型后为模型添加组件，如果是本地玩家则添加 MyPlayer 组件，如果是敌方玩家，则添加 Player 组件。MyPlayer 操控本地玩家的行为，Player 操控敌方玩家。因此重新创建两个脚本 Player 与 MyPlayer。

其次，添加组件后为模型设置场景中的位置。服务器传回来的位置与方向是封装在 Pos 结构体中，所以通过 ConvertPosToVector3 函数与 ConvertDirToVector3 函数将位置与方向转换成三维坐标。坐标转换过程请参考项目源代码。这里涉及坐标的转换，有关于坐标及其转换的内容请参考视频 http://books.insideria.cn/101/11。

最后，需要对游戏对象的技能、血条等做初始化，所以后期对英雄进行控制需要在显示对象时进行初始化，现在仅仅是将模型显示在场景中，对于模型的控制还没有完成。接下来就要利用摇杆对模型进行控制。

4.1.2.4 英雄管理

进入战斗场景后，创建 PlayersManager 的脚本，负责存储管理玩家相关信息，用字典变量 mPlayerDic 来存储场景中所有玩家的信息，便于直接获取。因为是 1v1（玩家对玩家）的游戏，也可以设置两个变量来存储英雄的信息。在玩家人数多于两个的情况下，只能通过集合或字典来存储，代码如下所示。

```
public class PlayersManager : UnitySingleton<PlayersManager>
{
    public Player LocalPlayer { set; get; }
    public Player targetPlayer { get; set; }
    public  Dictionary<UInt64, Player> PlayerDic = new Dictionary<UInt64,
    Player>();

    // 将 Player 添加到 AccountDic 中
    public void AddDic(UInt64 sGUID, Player entity)
    {
        if (PlayerDic.ContainsKey(sGUID))
        {
            return;
        }
        PlayerDic.Add(sGUID, entity);
    }
}
```

在创建本地玩家和敌方玩家时，类型为 Player。因此，这是玩家的类型。新建一个脚本命名为 Player，此脚本用来控制玩家的行为，所以作为玩家模型的组件。

游戏场景包含两个英雄：本地英雄和敌方英雄。本地英雄与敌方英雄控制方面有共同点，也有不同点。不同点是本地玩家的英雄移动由玩家操控，敌方移动由服务器传回的位置进行操控，而且本地玩家在移动时需要设置摄像机的跟随，敌方玩家则不用。共同点有很多，比如玩家释放技能，加载特效时是相同的。MyPlayer 继承自 Player。因此玩家的所有属性可以在 Player 中进行设置。

4.2　玩家控制

4.2.1　虚拟摇杆的使用

在游戏中应用虚拟摇杆是很常见的，尤其是格斗类游戏。很多开发者初期都会因为虚拟摇杆的控制烦恼。下面先来介绍如何通过虚拟摇杆控制英雄的移动，本质上是将摇杆移动方向实时通知给控制的英雄对象。其详细实现过程可以分为 3 步。

Step 01 创建摇杆对象。
Step 02 摄像机设置。
Step 03 实现控制逻辑。

4.2.1.1　创建摇杆对象

在游戏中，摇杆是用 NGUI 搭建的。创建时需要注意两点：位置显示在屏幕的左下角；摄像机在渲染时，要同时显示场景元素与摇杆控件。

- 通过 NGUI → Create → Panel 菜单命令创建一个根节点，如图 4-13 所示。

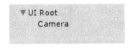

图 4-13

- 在 UI Root 下创建一个空物体，将其命名为 VirtualPanel，并在此对象上添加 Anchor 组件，用于控制子对象的位置，Side 属性设置为 Bottom Left，如图 4-14 所示。

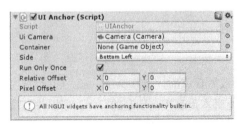

图 4-14

第 4 章
战斗场景逻辑开发

- 在 VirtualPanel 下创建一个空物体，命名为 VirtualStick，此对象负责控制摇杆。在此对象上添加 BoxCollider（用于触发），大小可以设置为 400×380。再添加一个 ButtonOnPress 组件，用于监听点击事件。
- 在 VirtualStick 下创建两个 Sprite，分别命名为 stick 与 underpan。stick 指的是摇杆中心，图片设置为 图集 11 中的名称为 8 的图片，underpan 指的是背景层，可以设置为 120×120。图片设置为图集 11 中名称为 7 的图片，大小可以设置为 200×200，如图 4-15 所示。

图 4-15

4.2.1.2 摄像机设置

创建 UI Root 会自动添加一个摄像机。此摄像机负责渲染 UI 界面。由于界面始终显示在最上层。因此，这个摄像机的深度值总是比场景中的摄像机的深度值要大。如果场景中的 MainCamera 的深度值为 -1，那么此摄像机的深度值为 0。

4.2.1.3 实现控制逻辑

摇杆的作用是控制英雄移动。当摇杆中心 Stick 向某个方向偏移时，英雄也会向同样的方向移动。因此控制英雄移动的关键点就是获取 Stick 方向。控制脚本已经包含在工程中，学习过程中可参考 VirtualStickUI 脚本。

（1）创建 VirtualStick 脚本并挂载到摇杆对象上，主要用来连接摇杆与英雄。

（2）打开脚本，将 VirtualStick 类继承 VirtualStickUI 类。父类中控制英雄移动的函数为 SendMove，但是父类中的英雄是动态加载的。因此，VirtualStick 类中重写 SendMove 函数。代码如下所示。

```
public voerride void SendMove()
{
    if (player == null) return;
    Vector3 direction = base.GetPointerDirection();// 获取遥感与中心点的方向
    player.transform.LookAt(player.transform.position + direction);// 实体朝向
    Quaternion rot = Quaternion.Euler(0, 0f, 0);
    dir = rot * player.transform.forward;// 移动方向
    isMove = true;// 可以移动
}
```

（3）SendMove 控制英雄的移动。代码中的 player 指的就是要控制的英雄。定义一个公开的变量 player，类型为 GameObject，并在 Unity 编辑器中指定。player 的朝向与摇杆的朝向始终是相同的，因此需要获取遥杆的方向，使之与摇杆保持相同的方向。方向设置完成后，英雄移动时便可以使英雄向前移动。打开移动控制的按钮 isMove，便可以根据此状态更新英雄的位置。

（4）Update 函数的功能是实时更新英雄的位置。当 isMove 为 true 时，将英雄 Player 的位置向前移动。移动的原理：新位置 = 自身位置 + 方向 * 距离（时间 * 速度）。ani 表示英雄的 Animation 组件，在 Awake 函数中获取，当英雄移动的时候可以播放移动动画，如果要更改播放的动画可以在此处更改。代码如下所示。

```
void Update()
{
    if (isMove)
    {
        player.transform.position += dir * Time.deltaTime *moveSpeed;
        ani.Play("walk");
    }
}
```

（5）回到 Unity 编辑器中，在 VirtualStick 对象的 Virtal Stick 组件下，为 Player 指定对象，如图 4-16 所示。此时运行脚本，可以控制英雄的移动。

图 4-16

4.2.2 英雄移动状态

介绍了虚拟摇杆的使用后，将虚拟摇杆添加到工程中去。本地英雄的移动控制依靠虚拟摇杆，但是摇杆控制的英雄并不是静态加载到场景中，而是动态加载的对象。在英雄移动时需要实时通知服务器端英雄所在的位置。SendMove 函数只是向服务器端发送消息，然后由服务器端来通知英雄的移动。整个流程可以分为以下 3 步。

Step 01 摇杆设置。

第 4 章
战斗场景逻辑开发

|Step 02| 发送移动消息。
|Step 03| 移动处理。

4.2.2.1 摇杆设置

将摇杆的预制体拖曳到场景中，如图 4-17 所示。现在要利用摇杆来控制本地英雄的移动。在 UI Root 父节点下，找到 VirtualPanel 对象。此对象就是图中左下角显示的摇杆，摇杆下还有一个子对象 VirtualStickUI，在此对象上挂载着名为 VirtualStickUI 的组件，双击打开此脚本。

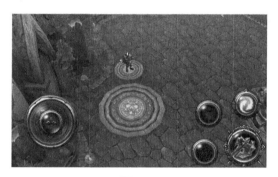

图 4-17

VirtualStickUI 是控制摇杆的脚本，主要负责遥杆的关闭显示、移动等。与实例中的摇杆是一样的。现在要利用此脚本来控制模型的移动。在此脚本中找到 OnDrag 函数。此函数在移动摇杆时会自动调用。代码如下所示。

```
void OnDrag(Vector2 pos)
{
    if(canUse == false) return;
    Vector2 touchPos = UICamera.currentTouch.pos;//获取触摸位置
    SetPointPos(touchPos);//设置遥杆位置
    VirtualStickState = StickState.MoveState;//设置遥杆状态为移动状态
    SendMove();//发送移动消息
}
```

4.2.2.2 发送移动消息

SendMove 函数在移动摇杆时记录了摇杆的位置并设置摇杆状态，代码如下所示。

```
void SendMove()
{
    Vector3 direction = GetPointerDirection();    //获取摇杆与中心点的方向
    GameObject entity = PlayersManager.Instance.LocalPlayer.RealEntity;
    //获取英雄模型
```

77

```
    if (entity == null) return;
    entity.transform.position = entity.transform.position;// 获取英雄的位置
    entity.transform.LookAt(entity.transform.position + direction);// 英雄朝向
    Vector3 dir = new Vector3(0, 0, 0);                  // 运动正方向
    Quaternion rot = Quaternion.Euler(0, 0f, 0);
    dir = rot * entity.transform.forward;
    CGLCtrl_GameLogic.Instance.EmsgToss_AskMoveDir(dir); // 向服务器请求移动
    beforeDir = dir;
}
```

此函数实现了以下两个功能：

（1）获取英雄模型。

（2）向服务器发送请求移动消息。

英雄模型怎么获取呢？

首先，在 Player 中定义一个属性 RealEntity 存储本地玩家模型，代码如下所示。

```
// 定义属性
public GameObject RealEntity{set;get;}
```

然后，在 GamePlay 类中的 onNotifyGameObjectAppear 函数中为此属性赋值。代码如下所示。

```
// 指定模型
playerComponent.RealEntity = model;
```

4.2.2.3 移动处理

当服务器端接收到请求移动的消息后，经过计算并返回进入移动状态的消息，在 HandleNetMsg 中进行消息接收。在 MessageHandler 中定义函数进行消息解析，如果需要用到 Gameplay 中的变量，则广播回来，这与 GameStart 中消息处理的模式相同。广播前主要在 GamePlay 中注册监听器，绑定消息类型与对应的处理函数。

服务器端返回的消息类型为 eMsgToGCFromGS_NotifyGameObjectRunState，在 GamePlay 中定义一个处理英雄移动的函数。这里主要接收移动消息返回的数据，具体的移动逻辑请参考工程文件，代码如下所示。

```
void OnNotifyGameObjectRunState(RunningState pMsg )
{
    UInt64 sGUID;
    sGUID = pMsg.objguid;
    Vector3 mvPos = this.ConvertPosToVector3(pMsg.pos);
    Vector3 mvDir = this.ConvertDirToVector3(pMsg.dir);
    float mvSp = pMsg.movespeed / 100.0f;
    Player entity = null;
    entity =PlayersManager.Instance.PlayerDic[sGUID];
```

```
if (entity!=null)
{
    // 解析数据并赋值
    mvPos.y = entity.RealEntity.transform.position.y;
    entity.GOSSI.sServerBeginPos = mvPos;
    entity.GOSSI.sServerSyncPos = mvPos;
    entity.GOSSI.sServerDir = mvDir;
    entity.GOSSI.fServerSpeed = mvSp;
    entity.GOSSI.fBeginTime = Time.realtimeSinceStartup;
    entity.GOSSI.fLastSyncSecond = Time.realtimeSinceStartup;
    // 数据改变
    entity.EntityChangedata(mvPos, mvDir);
    entity.isRuning = true;
}
```

返回移动状态的消息体中包含着移动的方向、位置、速度等，将这些数据存储起来，并打开移动的开关 isRuning，当 isRuning 为 true 时，在玩家的 Update 函数中调用处理移动的函数 OnRunState。

```
protected virtual void Update()
{
    if (isRuning)
    {
        OnRunState();
    }
}
```

OnRunState 函数的主要功能就是控制对象向某个方向移动。在这里只介绍原理，具体函数请参考原文件。OnRunState 定义在 Player 中，是一个虚函数，子类在 MyPlayer 中进行重写。因为在移动时，本地玩家与敌方的控制是不同的，这里先来介绍本地玩家的移动原理。

> **小提示**
>
> 虚函数，又称虚方法，若一个实例方法声明前带有 virtual 关键字，那么这个方法就是虚方法。
>
> 虚方法与非虚方法的最大不同是，虚方法的实现可以由派生类所取代，这种取代是通过方法的重写实现的。
>
> 虚方法的特点：
>
> 虚方法前不允许有 static、abstract 或 override 修饰符。
>
> 虚方法不能是私有的，因此不能使用 private 修饰符。

如何从原位置移动到一个新的位置呢？在这里设计一个移动算法：目标位置 = 原位置 + 方向 * 距离间隔（速度 * 时间间隔）。获取到新位置后，将此值赋给本地玩家，从而实现英雄的移动。而距离间隔＝速度*时间，在获取距离间隔后还要对此值进行判断，如果短时间的距离间隔过大，客户端有可能出现闪现或者同步错误的情况，此时以客户端的位置为准。如果间隔较小，以服务器端传送的位置为准。而且英雄在移动时，本地玩家要更新摄像机的位置。这是本地玩家的移动处理，敌方玩家移动处理在父类 Player 中，原理是相同的。如果大家感兴趣，可以参考项目源代码文件，或者关注微信公众号"Unity 一站学"。

> **小结**
>
> 　　移动处理属于玩家的一个状态，本游戏中并未通过状态机来控制英雄的行为，后期优化过程中会为玩家添加状态机，使英雄的行为更丰满。

4.2.3　英雄自由状态

英雄移动状态的控制简单说就是将摇杆偏移的结果发送给服务器端，服务器端处理后返回。客户端根据返回的数值控制对象移动。当摇杆复原时，英雄又会处于什么样的状态呢？接下来介绍移动结束后的处理过程。

打开 VirtualStickUI 脚本，如果找不到此脚本，在 VS 的 Solution Explorer 窗口中直接输入脚本名称即可快速找到（菜单栏 View → Solution Explorer 命令）。摇杆的启动通过 PressVirtual 控制。按下摇杆时，ShowStick 函数被调用。松开摇杆时，CloseStick 函数被调用。

CloseStick 关闭摇杆代码如下所示。读者也可以通过工程源文件进行学习。这里实现移动的过程很简单。首先向服务器发送通知移动的消息，与此同时播放 free 动画、设置摇杆属性使之处于禁用状态。这是客户端处理移动停止的第一步。因为服务器端接收到消息后依然会返回消息给客户端。所以，第二步就是处理服务器端返回的消息。

```
void CloseStick()
{
    if (VirtualStickState == StickState.MoveState)
    {
        HolyGameLogic.Instance.EmsgToss_AskStopMove ();
    }

    Player player =PlayersManager.Instance.LocalPlayer;
    if (player==null)   return;
    Animation ani = player.GetComponent<Animation>();
    if (ani!=null)
    {
        ani.Play("free");// 进入自由状态
```

```
    SetVisiable(false);// 遥杆颜色变暗
    VirtualStickState = StickState.InActiveState;// 遥杆状态为禁用状态
    beforeDir = Vector3.zero;
}
```

打开 GamePlay 脚本，消息接收同样是在 HandleNetMsg 中进行，接收到的消息类型是 eMsgToGCFromGS_NotifyGameObjectFreeState，与之对应的在 MessageHandler 中定义一个处理此消息的函数。处理这个消息时，调用了 GamePlay 中的变量，因此将消息体广播回 GamePlay 中。GamePlay 中注册了处理自由状态的事件，代码如下所示。消息体中包含的所有数据解析出来后，存储在 Player 中的 GOSSI 中，等待调用。处理自由状态最重要的就是调整英雄的位置和方向等信息。前边都是数据的解析处理，而真正处理位置相关的功能包含在 OnFreeState 函数中。因此 Player 脚本中的 OnFreeState 函数就是处理相关内容。

```
void OnNotifyGameObjectFreeState(FreeState pMsg)
{
    UInt64 sGUID = pMsg.objguid;
    Vector3 mvPos = this.ConvertPosToVector3(pMsg.pos);
    Vector3 mvDir = this.ConvertDirToVector3(pMsg.dir);
    Player entity = null;
      if (PlayersManager.Instance.PlayerDic.TryGetValue(sGUID, out entity))
    {
        Vector3 sLastSyncPos = entity.GOSSI.sServerSyncPos;
        mvPos.y = entity.RealEntity.transform.position.y;
        entity.GOSSI.sServerBeginPos = mvPos;
        entity.GOSSI.sServerSyncPos = mvPos;
        entity.GOSSI.sServerDir = mvDir;
        entity.GOSSI.fBeginTime = Time.realtimeSinceStartup;
        entity.GOSSI.fLastSyncSecond = Time.realtimeSinceStartup;
        entity.isRuning = false;
        entity.EntityChangedata(mvPos, mvDir);
        // 调用子类执行状态
        entity.OnFreeState();
    }
}
```

英雄自由状态的处理就是为玩家重新设置位置，位置的信息是从服务器端解析出来的数据。在位置更新时，如果玩家真实的位置与服务器端传过来的位置相差太大，则使用服务器端传来的数据，否则直接播放 free 动画。在此函数开始时，重置血条。如果血条不存在，则再次显示血条。在英雄重生时，会进入此状态，因此在这里进行了血条的重置。

```
public virtual void OnFreeState()
{
    if (RealEntity == null) return;
```

```
    if (!mHasLifeBar)
    {
        this.heroLife.SetActive(true);
        mHasLifeBar = true;
    }
    Vector2 serverPos2D = new Vector2(m_pcGOSSI.sServerBeginPos.x, m_
    pcGOSSI.sServerBeginPos.z);
    Vector2 objPos2D = new Vector2(objTransform.position.x, objTransform.
    position.z);
    float fDistToServerPos = Vector2.Distance(serverPos2D, objPos2D);
    if (fDistToServerPos > 10)// 因为服务器可能对玩家的位置会有调整,所以调整位置
    {
        objTransform.position = m_pcGOSSI.sServerBeginPos;// 按服务器的位置设置
        objTransform.rotation = Quaternion.LookRotation(EntityFSMDirecti
        on);// 方向调整。
    }
    RealEntity.GetComponent<Animation>().Play("free");
}
```

> **小结**
>
> 英雄的移动包含移动与停止两部分。相对应的两个处理函数 OnRunState 与 OnFreeState 包含在 Player 中,MyPlayer 中重写了这两个函数,负责处理本地玩家的状态。

4.2.4 技能控制

4.2.4.1 英雄攻击实例讲解

玩家控制中技能控制是一大模块,技能的释放通过按钮攻击敌方,实际上攻击就是播放动画并产生特效。攻击的流程可以分为 3 步:

Step 01 绑定攻击事件。
Step 02 播放动画。
Step 03 生成特效。

◎ **绑定攻击事件**

在 UI Root 下创建一个空物体,命名为 SkillWindow。并为此对象添加 Anchor 组件,将 side 设置为 Bottom Right,这样可以将此对象下的子物体位置保持在屏幕的右下方。在此对象下创建两个 Sprite,并为其指定攻击图片,图集为 UIatlas11,图片名称为 85 和 14,如图 4-18 所示。这两个对象作为攻击按钮,因此在按钮上添加 BoxCollider 与 UI Button。左边为技能攻击按钮,右边为普通攻击按钮。

图 4-18

新建一个脚本 SkillTest，挂载到 SkillWindow 上。在脚本中创建两个公开的函数 Attack 和 Skill，并分别绑定到场景中的两个按钮上，如图 4-19 所示。Attack 为普通攻击函数，Skill 为技能攻击函数。

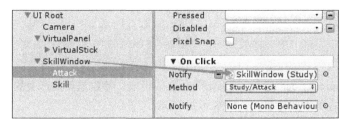

图 4-19

◎ 播放动画

普通攻击是每个英雄都拥有的被动技能，在普通攻击时主要是播放攻击动画。先定义一个变量 player，并且在 Unity 中指定。然后获取到玩家上的 Animatioan 组件。在攻击时分别播放对象的动画。Attack 中播放普通攻击的动画，Skill 中播放技能攻击的动画。代码如下所示。

```
public  GameObject player;
private  Animation  ani;
void Start ()
{
    ani = player.GetComponent<Animation>();
}
public void Attack()
{
    ani.Play("attack");
}
public void Skill()
{
    ani.Play("skill2");
}
```

> **小提示**
>
> 关于动画的高级操作,比如动画状态机、行为树、动画帧事件、动画融合、混合树等,请读者参考视频(http://books.insideria.cn/101/12)。

◎ 生成特效

当英雄进行技能攻击时,还会生成特效,因此要在技能攻击函数中加载一个技能特效。代码如下所示。

```
public void Skill()
{
    ani.Play("skill2");
    GameObject obj = Resources.Load("effect/skill/release/firevortex_ex")
        as GameObject;
    GameObject effect= GameObject.Instantiate(obj);
    effect.transform.position = player.transform.position;
}
```

利用 Resources.Load 与 Instantiate 函数生成特效。特效是英雄产生的,因此产生特效的位置设置在英雄的位置上。如图 4-20 所示。

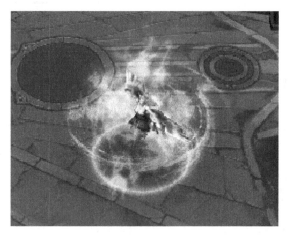

图 4-20

> **小结**
>
> 英雄攻击的原理是很简单的,游戏中服务器知道每个英雄的当前状态,释放技能只是向服务器发送消息,技能动画的播放与特效的产生是通过服务器返回的消息控制的。下面介绍游戏中攻击的整个流程。

第 4 章
战斗场景逻辑开发

> **小提示**
>
> 关于高级的粒子特效内容，比如创建炫酷的烟雾、气流、火焰、涟漪等，请读者参考 http://books.insideria.cn/101/13 的视频学习。

4.2.4.2 攻击逻辑完善

攻击的原理是：当单击按钮时，客户端向服务器端发送消息，请求攻击，服务器端根据客户端的请求返回消息。这是英雄攻击的原理。完成此功能可以分为 3 步：

Step 01 按钮攻击事件。
Step 02 释放技能。
Step 03 产生特效。

◎ **按钮攻击事件**

攻击分为技能攻击与普通攻击，它们的区别在于发送的消息类型不同。这里以技能攻击为例，在 GamePlay 中定义一个按钮绑定事件 **OnReleaseSkill_1**。代码如下所示。

```
public void OnReleaseSkill_1()
{
    SkillType type = GetSkillType((int)ShortCutBarBtnEnum.BTN_SKILL_1);
    if (type == SkillType.SKILL_NULL) return;
    int skillID = 0;
    PlayersManager.Instance.LocalPlayer.skillDic.TryGetValue(type, out skillID);
    if (skillID==0)
    {
        return;
    }
    CGLCtrl_GameLogic.Instance.EmsgToss_AskUseSkill((uint)skillID);
}
```

此事件的主要目的是向服务器发送消息请求攻击。但是用哪一个技能进行攻击呢？每个英雄的每一个技能都有不同的 ID，因此需要获取技能的 ID，才能通知服务器。

ShortCutBarBtnEnum 是技能类型的枚举，包含技能 1、技能 2、自动攻击与改变锁定这 4 种类型。每个类型代表不同的按钮，比如 BTN_SKILL_1 代表技能 1，在单击技能 1 的按钮时也是通过枚举类型转换得到技能类型。在获取到技能的 ID 后便可以通知服务器了。现在问题又来了，每一个技能的 ID 怎么获取呢？

```
public enum ShortCutBarBtnEnum
{
    BTN_SKILL_1 = 0,        // 技能 1
```

```
    BTN_SKILL_2,                // 技能 2
    BTN_AUTOFIGHT,              // 自动攻击
    BTN_CHANGELOCK,             // 改变锁定
}
```

技能 ID 是从配置文件中读取的，每一个技能都有不同的 ID。首先在玩家 Player 中定义一个字典，用来存储技能的 ID。代码如下所示。

```
public Dictionary<SkillType, int> skillDic = new Dictionary<SkillType, int>();
```

其次，定义一个函数 InitSkillDic，主要用来初始化技能列表。每个玩家选择的英雄都有自身的 ID。此 ID 值在 Player 中定义，并根据显示对象消息中的数据赋值。根据英雄的 ID 获取英雄配置信息。接着将技能类型与对应技能的 ID 进行映射，添加在技能字典中。由此根据技能类型来获取技能的 ID。InitSkillDic 函数在显示英雄模型时就要进行初始化，所以在 onNotifyGameObjectAppear 函数中调用此方法。代码如下所示。

```
public void InitSkillDic()
{
    int id = (int)ObjTypeID;
    HeroConfigInfo heroInfo = ConfigReader.GetHeroInfo(id);
    skillDic.Add(SkillType.SKILL_TYPE1, heroInfo.HeroSkillType1);
    skillDic.Add(SkillType.SKILL_TYPE2, heroInfo.HeroSkillType2);
    skillDic.Add(SkillType.SKILL_TYPE3, heroInfo.HeroSkillType3);
    skillDic.Add(SkillType.SKILL_TYPE4, heroInfo.HeroSkillType4);
}
```

> **小提示**
>
> （1）配置文件的读取请参考项目源代码。
>
> （2）有关本地存储的知识，比如 xml、二进制文件的读取与存储、数据持久化等。请参考视频文件 http://books.insideria.cn/101/14。

获取技能 ID 之后，客户端向服务器端发送消息，通知服务器请求技能的释放。技能发送的消息体封装在 EmsgToss_AskUseSkill 中，发送的消息体类型为 UseSkill。

◎ 释放技能

服务器端接收到客户端发送的消息之后，返回两个消息。第一个消息负责播放动画，第二个消息负责产生特效。首先来看动画播放的处理过程。OnNotifyGameObjectReleaseSkillState 函数用来处理释放技能的消息。此函数体逻辑非常简单，主要调用 Player 中释放技能的函数 OnEntityReleaseSkill，但是释放技能首要条件有敌我双方，且需要设

定我方的位置方向等，因此将消息体中的这些数据解析出来为 Player 中的变量赋值。
代码如下所示。

```
public int OnNotifyGameObjectReleaseSkillState(ReleasingSkillState pMsg )
{
    Vector3 pos = this.ConvertPosToVector3(pMsg.pos);
    Vector3 dir = this.ConvertDirToVector3(pMsg.dir);
    dir.y = 0.0f;
    UInt64 targetID = pMsg.targuid;// 目标 ID;
    UInt64 sGUID = pMsg.objguid;// 主动方 ID
    Player target,entity;
    PlayersManager.Instance.PlayerDic.TryGetValue(targetID, out target);
    PlayersManager.Instance.PlayerDic.TryGetValue(targetID, out entity);
    if (!target) return (int)EErrorCode.eNormal;
    if (entity!=null)
    {
        pos.y = entity.RealEntity.transform.position.y;
        // 数据改变位置、方向、技能 ID 目标
        entity.EntityChangeDataOnPrepareSkill(pos, dir, pMsg.skillid, target);
        // 释放技能
        entity.OnEntityReleaseSkill();
    }
}
```

EntityChangeDataOnPrepareSkill 函数是在 Player 中定义设置数据的函数，函数中涉及的变量都是在 Player 类中定义的有关英雄的属性。将属性赋值后，可以在释放技能时直接调用。代码如下所示。

```
public void EntityChangeDataOnPrepareSkill(Vector3 mvPos, Vector3 mvDir,
int skillID, Player targetID)
{
    EntityFSMPosition = mvPos;
    EntityFSMDirection = mvDir;
    EntitySkillID = skillID;
    entitySkillTarget = targetID;
}
```

在 Player 中定义一个函数 **OnEntityReleaseSkill**，负责处理技能的释放。处理此消息时主要是去播放动画。普通攻击与技能攻击会返回相同的消息进行处理。在处理过程时先要判断是否为普通攻击。技能攻击与普通攻击所播放的动画不同，所做的处理也不同。如果是技能 ID，每个英雄释放的技能动画是不同的。因此，根据返回的技能 ID 获取技能动画的名称，再根据名称进行播放。

```csharp
public virtual void OnEntityReleaseSkill()
{
    SkillManagerConfig skillManagerConfig = ConfigReader.GetSkillManagerCfg(
    EntitySkillID);
    Animation ani = RealEntity.GetComponent<Animation>();
    if (skillManagerConfig.isNormalAttack == 1)// 判断是否是普通攻击
    {
        ani.Play("attack");
    }
    else// 技能攻击
    {
        ani.Play(skillManagerConfig.rAnimation.ToString());// 播放释放技能动画
        // 如果此动画不是循环模式
        if (RealEntity.GetComponent<Animation>()[skillManagerConfig.
        rAnimation] != null && RealEntity.GetComponent<Animation>()
        [skillManagerConfig.rAnimation].wrapMode != WrapMode.Loop)
        {
            ani.CrossFadeQueued("free");// 淡入 free 动画
        }
    }
    objTransform.rotation = Quaternion.LookRotation(EntityFSMDirection);
}
```

◎ 产生特效

攻击有两个过程，第一个是动画播放，此消息处理完后，便是第二个过程——产生动画特效。在接收到第二个消息时，在 MessageHandler 中定义一个函数 OnNotifySkillModelEmit 进行处理。代码如下所示。

```csharp
public int OnNotifySkillModelEmit(EmitSkill pMsg)
{
    StartCoroutine(OnNetMsg_NotifySkillModelEmitCoroutine(pMsg));
    return (Int32)EErrorCode.eNormal;
}
public IEnumerator OnNetMsg_NotifySkillModelEmitCoroutine(EmitSkill pMsg)
{
    UInt64 skillPlayerID = pMsg.guid;
    UInt64 skillTargetID = pMsg.targuid;
    Vector3 pos = this.ConvertPosToVector3(pMsg.tarpos);
    Vector3 dir = this.ConvertDirToVector3(pMsg.dir);
    yield return 1;
    FlyEffect effect = HolyTech.Effect.EffectManager.Instance.
    CreateFlyEffect(skillPlayerID, skillTargetID, pMsg.effectid, (uint)
    pMsg.uniqueid, pos, dir, pMsg.ifAbsorbSkill);
}
```

在生成特效时，消息体中包含了攻击者与被攻击者的 ID、位置等信息。在创建特效时利用这些数据设置特效产生的位置与移动方向。

需要注意的是，在接收到产生特效的消息后，并没有直接处理，而是通过一个协程来完成，为什么这么做呢？因为特效在生成之后需要从源点移动到目标点，每一帧都要进行刷新，所以生成的特效都会调用自身的 Update 函数进行刷新。返回到登录场景，在登录场景中新建一个空物体，命名为 HolyTechGameBase，并为此对象挂载一个组件——HolyTechGameBase，此脚本中包含着更新特效的机制，并且在场景转换时此对象不会被销毁。

> 小提示
>
> （1）特效创建详细机制包含在框架的 EffectManager.cs 脚本中，详细处理过程可以参考框架源代码。
>
> （2）后期课程会深入讲解执行协程的原理、协程的状态控制、协程锁定，以及对 yield return、IEnumerator 和 StartCoroutine 的深入理解等。有兴趣的读者请参考 http://books.insideria.cn/101/15。
>
> （3）当 Unity 对象互动小时，可以使用协程。CPU 需要处理大量计算时，需要使用多线程并行处理，有关多线程的认识与使用、线程同步、线程锁定等，请参考视频 http://books.insideria.cn/101/16。

4.2.5　血条处理

4.2.5.1　血条实例讲解

游戏中角色相互的攻击过程带有血量以及能量等相关数值的消耗，这样会让角色更有真实感。

现在通过实例介绍如何生成并控制血条，在 Update 函数中模拟血条随机减少，让血条数值产生变化。具体操作如下。

Step 01 打开测试场景，拖曳 Prefab（Resources/Prefab/HeroLifePlateGreen）到 Hierachy 列表中 UI Root 下，创建一个血条实例。如图 4-21 所示。

图 4-21

Step 02 在目录 Study/Test 下创建 heroLifeBar 的脚本，脚本中加入游戏对象 mPlayerGO，用来保存角色对象的实例。如图 4-22 所示。加入游戏对象 mHeroLife，用来保存血条 HeroLifePlateGreen 实例。代码如下所示。

```
public class heroLifeBar : MonoBehaviour {
    public UISprite mpGreenSprite = null;
    public UISprite hpGreenSprite = null;
    public GameObject mPlayerGO = null;
    public GameObject mHeroLife = null;
}
```

图 4-22

Step 03 创建两个变量 Sprite 对象——mpGreenSprite、hpGreenSprite，用来保存 HP 与 MP 的 Sprite 实例。通过 UISprite 实例的 fillAmount 属性，可以对血条进度进行设置更新。

Step 04 增加两个 float 的变量保存 HP 和 MP 的当前值，在 Update 中进行修改。代码如下所示。

```
float timer1 = 100;
float timer2 = 100;
void Update () {
    timer1 -= 0.1f;
    UpdateHp(System.Convert.ToInt32(timer1));
    timer2 -= 0.2f;
    UpdateMp(System.Convert.ToInt32(timer2));
    mHeroLife.transform.localPosition = WorldToUI();
}
void UpdateHp(int value)
{
    hpGreenSprite.fillAmount = value / 100.0f;
}
void UpdateMp(int value)
{
```

```
        mpGreenSprite.fillAmount = value / 100.0f;
    }
```

Step 05 血条要随着角色移动，首先得获取角色的位置，但是血条的位置与角色的位置在高度上有一定的差距，因此，在获得角色的位置后，重新设置 y 值。在进行坐标系转换后，更新血条在界面中的显示位置。代码如下所示。

```
Vector3 WorldToUI()
{
    Vector3 ff = new Vector3(0, 0, 0);
    float height = 5;
    Vector3 pt = mPlayerGO.transform.position;
    pt += new Vector3(-4f, height, 0f);
    var posScreen = GameObject.Find("Main Camera").GetComponent<Camera>().
WorldToScreenPoint(pt);
    ff = NGUITools.FindCameraForLayer(mHeroLife.layer).ScreenToWorldPoint
(posScreen);
    return ff;
}
```

Step 06 启动测试场景，可以发现蓝绿条在不断地减少。如图 4-23 所示。

图 4-23

在实际项目中，血条的处理要远比这个复杂。下面对 1V1 游戏中血条的实现做简单说明。

4.2.5.2　完善血条逻辑

◎ **血条生成**

游戏中血条生成是根据路径动态加载预制体并创建出来，路径根据英雄的 ID 设置，本地玩家加载绿色血条，敌方玩家加载红色血条。如图 4-24 所示。血条生成后添加到 Player 类存储血条的字典中，首先要在 Player 中创建一个字典。在创建血条时要保留血条背景 UISprite，以便后面使用。显示血条的函数在创建对象时一起创建。因此，此函数在 onNotifyGameObjectAppear 中调用。代码如下所示。

图 4-24

```
public void showHeroLifePlate(GOAppear.AppearInfo info)
{
    String path = null;
    if (PlayersManager.Instance.LocalPlayer.sGUID== info.obj_type_id)
    {
        path = "Prefab/HeroLifePlateGreen";
    }
    else
    {
        path = "Prefab/HeroLifePlateRed";
    }
    if (mHasLifeBar)
    {
        return;
    }
    mHasLifeBar = true;
    GameObject heroLifeModel = Resources.Load(path) as GameObject;
    heroLife = GameObject.Instantiate(heroLifeModel) as GameObject;
    heroLifeDic.Add((int)info.obj_type_id, heroLife);
    hpSprite = heroLife.transform.Find("Control_Hp/Foreground").
    GetComponent<UISprite>();
    mpSprite = heroLife.transform.Find("Control_Mp/Foreground").
    GetComponent<UISprite>();
}
```

血条并非显示在三维坐标中，而是显示在屏幕坐标系统中。在生成血条后还需要对血条的位置进行设置。血条是跟随英雄一起移动的，因此要在 Player 脚本的 Update 函数中更新位置。代码如下所示。

```
protected virtual void Update()
{
```

```
    if (heroLifeDic.Count > 0)
    {
        foreach (var item in heroLifeDic)
        {
            item.Value.transform.position = WorldToUI(item.Key);
        }
    }
}
```

将英雄血条的二维坐标转换为三维坐标的函数 WorldToUI, 已经在上面的例子中实现过, 具体代码也可以参考项目源代码。

◎ **减血效果**

血条生成之后, 血条值的改变是由消息控制的, 当收到攻击或者在基地进行恢复时, 服务器端返回 HP 改变的消息, 消息体中包含当前英雄的 HP。那么该如何表示血条的值呢? 在生成血条时, 获取了血条的背景 UI, 在 UISprite 中包含着 FillAmount 属性, 此属性的范围值从 0 到 1。由此属性控制血条的改变, 如图 4-25 所示。因此只需要更改 FillAmount 即可。

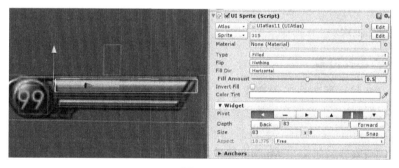

图 4-25

在进入战斗场景时, 每个英雄都会接收到 HP 的初始值, 在此消息体中可以直接设置英雄的最大 HP 的值。此部分内容请参考项目源代码。当客户端接收到 HP 改变的消息后, MessageHandler 中定义一个函数处理 HP 的改变, 代码如下所示 (消息体中包含了英雄 ID 与当前血条的值, 因此直接调用英雄更新血条的函数来改变血条)。

```
public int OnNotifyHPChange(HPChange pMsg)
{
    UInt64 sGUID= pMsg.guid;
    int crticalHp = pMsg.hp;// 当前血量
    Player entity;
    Vector3 posInWorld = Vector3.zero;
```

```
    if (PlayersManager.Instance.PlayerDic.TryGetValue(sGUID, out entity))
    {
        posInWorld = entity.RealEntity.transform.position + new
        Vector3(0.0f, 2.0f, 0.0f);
        // 设置实体的血条值并更新
        entity.SetHp((float)crticalHp);
        entity.UpdateHp(entity);
    }
    return (Int32)EErrorCode.eNormal;
}
```

血条的更新与魔法值 MP 的更新是一样的,这里不再对魔法值的更新进行赘述。想了解具体实现过程,请参考项目源代码或者关注微信公众号"Unity 一站学"进行咨询。

4.2.6 死亡处理

4.2.6.1 英雄死亡示例

在游戏战斗过程中,随着英雄生命值的变化,总会出现生命值为 0 的现象,也就是英雄的死亡状态。下面就来介绍如何设置英雄死亡条件、死亡动画、功能的禁用以及英雄的重生设置。

◎ **死亡条件设置**

由于在实战过程中血条的变化代表了英雄生命值的变化,因此可以根据血条的 fillAmount 属性值作为判断英雄是否死亡的依据,并把 fillAmount 为 0 时的值作为死亡的临界值。

首先,获取控制血条 fillAmount 值的对象。创建 DeadState 脚本,并挂载到当前英雄身上。

```
private UISprite hpSprite;
void Start()
{
    hpSprite = GameObject.Find("Control_Hp/Foreground").GetComponent
    <UISprite>();// 获取控制血条 fillAmount 值的对象
}
```

其次,设置死亡判断条件,当 fillAmount 为 0 时,进入死亡状态。在这里,利用 Update 函数的逐帧执行特性,模拟血量减少状态。

```
float progressValue = 100f;
```

```
void Update()
{
    progressValue -= 0.1f;
    hpSprite.fillAmount = progressValue / 100.0f;
    if (hpSprite.fillAmount == 0)
    {
        //进入死亡状态
    }
}
```

◎ 死亡动画设置

当英雄进入死亡状态时,播放相应的死亡动画,需要在死亡条件内实施动画的播放。首先获取当前英雄的动画播放器,然后在规定的死亡时间内通过 Play 函数播放动画,代码如下所示。

```
float deadTime = 0;
bool isDead = false;
void Update()
{
    if (hpSprite.fillAmount == 0)
    {
        //获取当前英雄播放器
        Animation ani = this.gameObject.GetComponent<Animation>();
        //由于脚本挂载到了英雄身上,所以可以通过this关键字获取到当前英雄死亡状态
        //播放死亡动画
        deadTime += Time.deltaTime;
        if (deadTime < 5f)
        {
            if (!isDead)
            {
                isDead = true;
                ani.Play("death");
            }
            return;
        }
        deadTime = 0;
        isDead = false;
    }
}
```

◎ 禁用功能设置

英雄在死亡状态时,除了播放相应的死亡动画之外,其所携带的血条也要隐藏掉。代码如下所示。

```csharp
private GameObject BloodBar;
void Start()
{
    hpSprite = GameObject.Find("Control_Hp/Foreground").GetComponent
    <UISprite>();// 获取控制血条 fillAmount 值的对象
    BloodBar = GameObject.Find("HeroLifePlateGreen"); // 获取血条对象
}
void Update()
{
    if (hpSprite.fillAmount == 0)
    {
    if (deadTime < 5f)
        {
            if (!isDead)
            {
                isDead = true;
                ani.Play("death");
                // 隐藏血条
                BloodBar.SetActive(false);
            }
            return;
        }
    }
}
```

◎ 重生设置

死亡必会伴随着重生，那重生又是如何设置的呢？这里通过计时器来设置重生时间，而在实际工程中，重生时间会由服务器将数据传递过来。当到达重生时间时，英雄位置恢复到初始位置，英雄的所有属性都回到初始值。

```csharp
void Update()
{
    if (hpSprite.fillAmount == 0)
    {
        this.gameObject.transform.position = new Vector3(-32f, 0, -67f);
        // 设置重生位置为初始位置
        BloodBar.SetActive(true);// 显示血条
        ani.Play("free");// 播放闲置动画
        hpSprite.fillAmount = 1;// 设置血条状态为满血状态
        progressValue = 100f;// 设置数值为满血值
    }
}
```

4.2.6.2 死亡逻辑完善

在实际项目中，示例中的数据都是通过解析服务器传来的数据实现功能的，因此采取消息驱动的方式实现英雄的死亡与重生。

当英雄血条低于 0 时，服务器进行计算后返回英雄死亡状态的消息，客户端接收到此消息后，在 MessageHandler 中定义一个函数进行处理。死亡处理的内容很简单，根据消息体中的英雄 ID 获取英雄后，调用实体的 OnDeadState 函数。此函数定义在 Player 中，同时也在 MyPlayer 中进行了重写。代码如下所示。

```
public int OnNotifyGameObjectDeadState(DeadState pMsg)
{
    UInt64 deadID=pMsg.objguid;
    Vector3 pos = this.ConvertPosToVector3(pMsg.pos);// 位置
    Vector3 dir = this.ConvertDirToVector3(pMsg.dir);// 方向
    Player entity;
    if (PlayersManager.Instance.PlayerDic.TryGetValue(deadID, out entity))
    {
        pos.y = entity.RealEntity.transform.position.y;//
        entity.EntityFSMChangeDataOnDead(pos, dir);
        entity.OnDeadState();
    }
    return (Int32)EErrorCode.eNormal;
}
```

敌我双方对于死亡状态的处理是不同的，比如说本地玩家死亡禁用虚拟摇杆，而敌方玩家则不需要。因此死亡处理时则调用不同的处理函数。代码如下所示。

```
// 本地玩家死亡处理
public override void OnDeadState()
{
    VirtualStickUI.Instance.SetVirtualStickUsable(false); // 禁用虚拟摇杆
    Animation ani = this.gameObject.GetComponent<Animation>();
    ani.Play("death");
    // 血条不可见。可以在显示对象的时候重新设置血条可见
    this.heroLife.SetActive(false);
}
// 其他玩家死亡处理
public virtual void OnDeadState()
{
    this.HideBloodBar();// 隐藏血条
    Animation ani = this.gameObject.GetComponent<Animation>();// 播放死亡动画
    ani.Play("death");
}
```

英雄的重生设置由服务器来控制，当服务器返回显示游戏对象的消息时，重新生成英雄；返回自由状态的消息时，重新设置位置。

小结：英雄的每种状态在子类中都会重写基类的函数，比如移动状态、死亡状态等。对于英雄状态的控制还有很多细节可以进行优化，后期开发过程中会为英雄添加状态机，这样可以更精确地控制英雄。游戏的结算、战斗数据以及箭塔的攻击等后期课程会陆续添加。相关内容请关注微信公众号"Unity 一站学"进行咨询。

小提示

（1）在英雄死亡时，整个屏幕画面会通过 Shader 渲染为灰色。有关 Shader 计算机图形渲染的内容请读者参考 http://books.insideria.cn/101/17。

（2）游戏开发完成后，通过打包发布到各个平台，有关游戏打包涉及的关键技术，比如存储空间管理、加密/解密和数据压缩等，请读者参考视频 http://books.insideria.cn/101/18。

本章任务

☐ 练习使用 Unity 地形系统创建地图。

☐ 练习使用摇杆控制模型移动。

☐ 练习使用播放动画。

☐ 练习英雄各个状态的控制。

第 5 章

Thanos 游戏框架消息机制

本章内容

掌握 Thanos 游戏框架消息通信原理，并学习使用 Thnaos 框架创建消息通信机制。

知识要点

- Delegate 委托的概念与运用。
- EventCenter 消息处理中心的使用。
- BroadCast 事件派发原理与运用。

5.1 游戏框架介绍

几乎所有的大型商业级网游都是基于某种游戏框架开发完成的,《王者荣耀》这款 MOBA(Multiplayer Online Battle Arena,多人在线战术竞技)游戏也不例外。

本章要介绍项目中使用的游戏框架,但并不是讲解框架中的所有内容。游戏框架是为游戏开发者定制的应用骨架,团队开发大型项目是离不开框架的,框架可以帮助新人快速上手,让产品开发更加快速,让系统更加安全稳定。那什么是框架?如何去搭建游戏框架?为此,从本章开始就为读者介绍 MOBA 类型的 Unity 手游《锐亚圣域》是如何使用游戏框架开发的。

◎ 框架概述

框架,从字面上来理解是一个框子,即具有约束性,也是一个架子,即具有支撑性。因此,游戏框架的作用就是对游戏进行约束与支撑。那么对什么进行约束,又对什么进行支撑呢?接下来介绍框架的基础构成。

◎ 基础系统框架

游戏框架就是一款游戏的骨架,用于梳理游戏的脉络,并且提供了一套工具和规范,让游戏制作过程更加顺畅。本游戏中的框架内容主要包含 6 个部分:

(1)消息管理机制。
(2)UI 框架。
(3)网络层框架。
(4)资源管理。
(5)Entity 模式。
(6)状态机。

这 6 部分内容构成了本游戏的骨架,游戏要实现的所有功能都在这个框架中完成。接下来会针对每一个模块进行系统的介绍。首先是消息机制。

什么是消息机制?顾名思义,就是传递消息的方式。在游戏开发中,各个模块经常需要传递消息,用于通知和驱动游戏进程。因为游戏中有大量的事件行为要处理,由此需注册大量事件监听者来监听这些事件的发生。什么时候处理事件?怎么监听事件?怎么取消监听?这些由游戏框架的消息管理中心来统一处理。消息管理机制的原理很简单,事件由触发源达到某种条件时发出,消息管理中心接收并广播给监听了该事件的所有接收者,如图 5-1 所示。消息系统有 4 大核心功能:

（1）通用的事件监听器。
（2）管理各个业务监听的事件类型（注册和解绑事件监听器）。
（3）全局广播事件。
（4）广播事件所传参数数量和数据类型都是可变的。

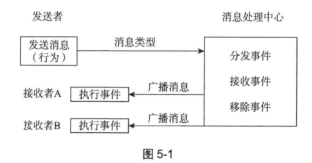

图 5-1

接下来的课程先介绍消息机制中涉及的知识点，再将这些知识点运用到游戏中的事件管理模块。此事件系统属于游戏框架中的一部分，了解之后可以随用户需求运用到其他的游戏中。读者可以结合视频学习本章节内容。

5.2 委托与事件

5.2.1 委托的概念

简单来讲，委托就是用来执行方法的。C# 中的委托（Delegate）类似于 C 或 C++ 中函数的指针，是存有对某个方法的引用的变量。引用可在运行时被改变。委托常用于实现事件和回调方法。所有的委托都派生自 System.Delegate 类。

delegate 是 C# 中的一种类型，它实际上是一个能够引用某个方法的类。与其他的类不同，delegate 类能够拥有一个签名（Signature），并且它只能持有与它的签名相匹配的方法的引用。它允许传递一个类 A 的方法给另一个类 B 的对象，使得类 B 的对象能够调用这个方法。实现委托很简单，只需要记住 3 步：

（1）声明一个 delegate 对象，它应当与想要传递的方法具有相同的参数和返回值类型。
（2）创建 delegate 对象，并将想要传递的函数作为参数传入。
（3）在要实现调用的地方，通过上一步创建的对象来调用方法。

通过这 3 步，可以完成一个简单的委托。下面通过一个实例来具体介绍。

```csharp
using System;

// 步骤1, 声明 delegate 对象。
public delegate void MyDelegate(string name);

public class MyDelegateTest: MonoBehaviour
{

//步骤2
}
    public void Start()
    {
        MyDelegate md =MyDelegateFunc;

//步骤3
        md("xiaogu");
    }

    public  void MyDelegateFunc(string name)
    {
        Debug.Log("Hello, "+ name);
    }
```

小提示

在步骤1中声明了 MyDelegate 委托，可以当作数据类型。创建委托实例时依据此类型进行创建。在步骤2中，创建委托的变量与绑定函数 MyDelegateFunc，将方法作为值赋给委托变量。也可以用 new 关键字来声明一个 MyDelegate 的对象，将方法作为参数传递，像对待一个类一样对待它，即先声明，再实例化。两者有点不同，类在实例化之后叫对象或实例，但委托在实例化后仍叫委托。在步骤3中调用委托实例 md。代码中的 MyDelegateFunc 是想要传递的方法，它与委托 MyDelegate 具有相同的参数和返回值类型。测试结果如图5-2所示。

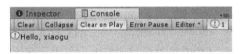

图5-2

5.2.2 事件的概念

事件（event）实际上是一个特殊的委托实例，只是削弱了委托的功能。事件在编译器角度上保护了程序的安全，因为用户只能使用 +=、-= 来注册事件，而不能使用 = 为事件绑定方法（在委托中可以使用 = 来绑定方法，不过 = 是一种破坏性代码，不管之前是否已经绑定方法了，都会将其清除）。下面以一个实例来介绍事件。

Step 01 创建一个类 Text，然后创建一个委托 Print。创建委托时可以在类中创建，也可以在类的外面创建。实际上就是创建了一种数据类型，和 Int 类型一样。然后在 Test 类中创建一个事件，事件类型就是刚刚定义的委托类型。TestFunction 函数用来触发事件，在此函数中调用了 print 函数。代码如下所示。

```
using System;
public delegate void Print();          // 创建委托
public class Test
{
    public event Print print;          // 创建事件实例
    public void TestFunction()
    {
        print();                       // 触发事件
    }
}
```

Step 02 新建一个类 Study，挂载到场景中的某个对象上，在 Start 函数中定义 Test 对象，并为此对象的 print 事件绑定函数 PrintOut，绑定完成后调用事件。代码如下所示。

```
class Study : MonoBehaviour
{
    static void Start(string[] args)
    {
        Test obj = new Test();         // 创建 Test 对象
        obj.print += PrintOut;         // 绑定 printout 方法
        obj.start();
    }

    static void PrintOut()
    {
        Debug.Log("Hello, World");
    }
}
```

Step 03 运行游戏，在控制台中输出了"Hello, World"，如图 5-3 所示。说明此事件被调用。

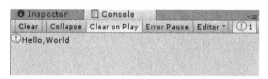

图 5-3

> **注解**
> 上面的代码就是一个事件的实例，实际上将其中的 event 关键字去掉也是可以的，因为事件就是委托，但是只能用 += 来注册方法，而且可以注册多个方法。-= 用来取消绑定的方法。不能用 = 来为事件关联方法，否则会报错。

5.3 消息机制

委托和事件的目的就是执行方法，而且可以在不同的类中执行，这样就可以降低代码之间的耦合度。当游戏中需要大量执行函数的时候，需要定义大量的委托或者事件，那么简单的委托就不适用了，这时候应根据委托的原理，设计消息机制来处理函数的执行。

本节主要介绍游戏框架中的第一部分——消息机制。消息机制用于内部事件和内部消息广播，这部分是游戏内部逻辑的驱动。这个游戏用消息机制将网络和用户操作转化成一系列事件，驱动游戏进程的进行。所以整个游戏是离不开消息机制的。那么在这个游戏中消息框架是怎样搭建的呢？下面先介绍消息事件管理中心。

文件目录：Assets\Scripts\Common\EventCenter。

EventCenter 充当消息事件的管理中心，主要负责监听器的添加、移除，以及广播。在这个脚本中，将演练这三个功能。读者可以结合视频学习。

5.3.1 添加监听器（AddListener）

AddListner 函数的作用其实就是事件的注册。先介绍两个名词——消息类型和回调函数。消息类型是注册事件时的一个关键字，可以当作标识符。在广播派发事件的时候广播这个消息，事件系统会处理与之对应的方法。回调函数是什么呢？就是在注册时与消息类型绑定的函数。就如同每个人都有一个名称（消息类型），老师点名时（广播事件），通过名称来检查人数，只有点到自己的名称时，才会答"到"（回调函数）。如何实现这个过程？来看一个消息注册事件。代码如下所示。

```
// 存储所有的事件（消息类型，委托事件）
static public  Dictionary<EGameEvent, Delegate> mEventTable = new Dictionary
<EGameEvent, Delegate>();

// 添加监听器
static public void AddListener(EGameEvent eventType, Callback handler)
{
    OnListenerAdding(eventType, handler);
    // 当有添加事件的时候，检测这个事件有没有注册过这个方法。
    mEventTable[eventType] = (Callback)mEventTable[eventType] + handler;
}
```

mEventTable 是一个字典，这个字典存储了所有的事件，消息类型作为键，回调函数作为值。AddListener 函数就是添加事件的方法，在这个方法中有两句代码。注册事件时首先要检测此消息是否已经注册过某个事件，OnListenerAdding 函数完成了这个检测。如果此消息没有注册过事件，则此消息就可以作为键添加到 mEventTable 中，并定义一个委托作为它的值。代码如下所示。

```
// 当有事件添加的时候，检测这个事件有没有注册过这个方法。
static public void OnListenerAdding(EGameEvent eventType, Delegate listenerBeingAdded) {
    // 如果这个表中不包含这个类型，那么就添加这个
    if (!mEventTable.ContainsKey(eventType)) {
        mEventTable.Add(eventType, null );
    }
    // 定义委托
    Delegate d = mEventTable[eventType];
    if (d != null && d.GetType() != listenerBeingAdded.GetType()) {
        throw new ListenerException(string.Format("Attempting to add listener with inconsistent signature for event type {0}. Current listeners have type {1} and listener being added has type {2}", eventType, d.GetType().Name, listenerBeingAdded.GetType().Name));
    }
}
```

消息检测完成后就可以为此消息绑定事件了，所以 AddListener 函数的第二句将事件 Handler 与消息类型进行匹配。在这里用的是"+"将 Handler 进行绑定，因为一个消息可以绑定多个方法，所以用"+"连接。这是为某个消息注册事件的函数，在使用时可以直接调用 AddListener 来注册，比如：

```
//prop collected是消息，PropCollected是函数
EventCenter.AddListener("prop collected", PropCollected);
```

> **小提示**
>
> AddListener 是重载的方法。在注册事件时，有的事件没有参数，有的事件则含有一到多个参数，因此 AddListener 重载函数。
>
> 函数名：必须相同，方能构成函数重载。
>
> 函数返回值类型：可以相同，也可以不同（注意：函数的返回类型不足以区分两个重载函数）。
>
> 函数参数类型：必须不同。
>
> 函数参数个数：可以相同，可以不同。
>
> 函数参数顺序：可以相同，可以不同。

5.3.2 派发事件（BroadCast）

EventCenter 中第二个主要的功能就是事件的派发，又叫事件广播。这里利用 BroadCast 来完成派发事件，实质就是去执行方法。注册了事件后，当游戏需要处理相关逻辑时，就要调用这个方法了。怎么去执行呢？通过 BroadCast 方法。代码如下所示。

```
static public void Broadcast(EGameEvent eventType)
{
    Delegate d;
    if (mEventTable.TryGetValue(eventType, out d))
    {
        Callback callback = d as Callback;
        if (callback != null) {
            callback();
        } else {
            throw CreateBroadcastSignatureException(eventType);
        }
    }
}
```

BroadCast 有一个参数，是消息类型。派发事件时根据这个消息类型去 mEventTable 字典中获取与之对应的委托方法，如果能够得到这个函数，那么就直接执行此方法，否则抛出一个异常。在游戏逻辑调用方法时，可以直接通过以下方式调用：

```
EventCenter.BroadCsat("prop collected");
```

> 小提示
> BroadCast 是重载的方法，有不同的参数，这里只以一个参数为例。

5.3.3 移除监听器（RemoveListener）

对于事件，有添加就会有移除，在 EventCenter 中利用 RemoveListener 函数将添加的事件移除掉。一些事件被调用后就不需要再执行了，这些消息类型和与之绑定的方法要被移除，这个 RemoveListener 就实现了这样的功能。代码如下所示。

```
static public void RemoveListener(EGameEvent eventType, Callback handler)
{
    OnListenerRemoving(eventType, handler);    // 检测此消息是否绑定了此事件
    mEventTable[eventType] = (Callback)mEventTable[eventType] - handler;// 移除事件
```

```
        OnListenerRemoved(eventType);          // 移除事件后，将消息也移除掉
    }
```

RemoveListener 函数包含两个参数，一个消息类型，一个委托方法。目的就是将消息和与之绑定的方法从 mEventTable 字典中移除。通过 OnListenerRemoveing 函数检测此消息是否绑定了这个事件，如果没有，直接抛出异常；如果有，就移除事件，先把给消息类型注册的方法解除绑定，在这里用"-"来移除方法。然后执行 OnLietenerRemoved 函数。它的作用是确认这个消息类型没有任何绑定的方法后，再移除这个消息类型，因为移除了一个事件后，并不能保证这个消息类型没有其他映射的事件，所以需要再次判断。这是移除监听器的过程。在调用此函数时，通过如下方式使用：

```
EventCenter.RemoveListener("prop collected", PropCollected);
```

> **说明**
> RemoveListener 是重载的方法，有不同的参数，这里只以一个参数为例，具体功能和含义请参考项目源代码。

5.3.4 事件类型定义（EGameEvent）

文件目录：Assets\Scripts\Common\EGameEvent。

在注册方法或广播事件、移除监听器时，参数都会涉及消息类型。注册时利用消息类型与要执行的方法进行绑定，广播的时候根据这个消息类型来寻找与之绑定的方法。游戏中有很多消息，作为每个事件的标识符。可以把游戏中所有的消息集中在一起，存储在枚举结构 GameEventEnum 中，以统一管理。下面简单介绍一些在游戏中常用到的消息，代码如下所示。

```
Public enum GameEventEnum
{
    eGameEvent_ErrorStr = 1,// 错误消息
    eGameEvent_ConnectServerFail,// 连接服务器失败
    eGameEvent_ConnectServerSuccess,// 连接服务器成功
    eGameEvent_ReConnectSuccess,// 重新连接成功
    eGameEvent_ReConnectFail,// 重新连接失败
    eGameEvent_InputUserData,// 输入用户数据
    eGameEvent_SelectServer,// 选择服务器
    eGameEvent_IntoLobby,// 进入 Lobby 场景
    eGameEvent_IntoRoom,// 进入房间
```

```
    eGameEvent_RoomBack,//返回房间
    eGameEvent_LockTarget,//广播自己锁定目标
    eGameEvent_AddOrDelEnemy,//广播增加或者删除敌方玩家
    eGameEvent_SSPingInfo,//广播 SSPing
    eGameEvent_NotifyChangeCp,//Cp 改变
    eGameEvent_NotifyHpLessWarning,//血量警告特效
    eGameEvent_NotifyOpenShop,// 打开商店，关闭商店
    eGameEvent_NotifyBuildingDes,//Ientity 死亡
    //...
}
```

这是一个枚举结构，在这个结构中统一管理消息的是 ID。注册时利用消息的 ID 与执行的方法进行绑定，广播时根据这个消息 ID 来寻找与之绑定的方法。移除时也要根据消息 ID 移除绑定的函数。

> **小提示**
> 本游戏中消息 ID 很多，在这里仅举例一部分，其他的内容请查阅项目源代码。

5.3.5 事件处理器

文件目录：Assets\Scripts\Common\Callback。

前文概括地介绍了事件中心的主要内容，可以注册事件、广播事件。在传递参数或者执行方法的时候，这个方法是 CallBack 类型的，这是自定义的委托类型。定义方式如下。

```
public delegate void Callback();
public delegate void Callback<T>(T arg1);
public delegate void Callback<T, U>(T arg1, U arg2);
public delegate void Callback<T, U, V>(T arg1, U arg2, V arg3);
public delegate void Callback<T, U, V, X>(T arg1, U arg2, V arg3, X arg4);
```

这里的委托总共包含 5 个，参数的个数不同。在使用委托类型时，会根据方法带有的参数个数来自动调用对应的委托类型。

> **小提示**
> 注册注销派发消息事件的时候，参数的类型和数量、顺序必须完全一致。

5.3.6 使用范例

接下来利用框架中的消息机制来实现消息广播驱动逻辑。读者可以新建一个脚本用于测试。

Step 01 打开 EventDefine 脚本，文件目录：Framework/Scripts/Common/EventDefine。在此脚本的末尾定义两个消息，代码如下所示。

```
public enum GameEventEnum
{
    eGameEvent_MainTest1,     //MainTest 中注册的消息定义的 ID
    eGameEvent_MainTest2,     //MainTest 中注册的消息定义的 ID
}
```

Step 02 重新创建一个脚本 MainTest，在 Start 初始函数中添加两个监听器。其中一个是带参数的，一个是不带参数的。这里以无参数的监听器为例。为消息添加监听器时，消息直接通过 GameEventEnum 找到自己定义的消息。Test1 表示事件函数。代码如下所示。

```
public class MainTest : MonoBehaviour
{
    static float timer = 0;
    void Start()
    {
        EventCenter.AddListener(GameEventEnum.eGameEvent_MainTest1,
        Test1);// 注册事件 Test1 是没有参数的方法
        EventCenter.AddListener<int>(GameEventEnum.eGameEvent_MainTest2,
        Test2);// 注册事件 Test2 是带有一个参数的方法
    }
}
```

Step 03 定义 Test1 和 Test2 两个函数，函数中各输出一句话或者变量。代码如下所示。

```
public void Test1()
{
    Debug.Log(" 事件处理 ");
}
public void Test2(int number)
{
    Debug.Log(number);
}
```

Step 04 在 Update 函数中进行广播，这里利用了一个计时器，当游戏运行后，每 5 秒广播一次。在广播事件时，参数就是第一步所定义的消息。代码如下所示。

```
void Update()
```

```
{
    timer += Time.deltaTime;
    if (timer >= 5f)
    {
        EventCenter.Broadcast(EGameEvent.eGameEvent_MainTest1);// 广播事件
        EventCenter.Broadcast(EGameEvent.eGameEvent_MainTest2,10);
        // 广播事件并返回一个参数
        timer = 0;
    }
}
```

运行结果：将 MainTest 脚本挂载到场景中的某一个对象上。5 秒钟后，控制台中输出了执行函数中打印的内容，由此证明此事件在消息广播时被调用，如图 5-4 所示。

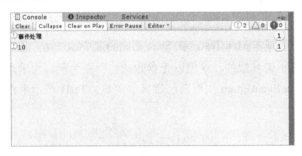

图 5-4

说明

（1）这里是介绍消息机制的使用流程，实际游戏中的注册事件、事件派发以及注销事件是在符合游戏的前提下进行的。

（2）消息机制中主要利用了委托与事件。在游戏开发中，最方便、最常用的还有 Action。有关 Action、匿名委托、回调的认识与理解，请读者参考视频文件 http://books.insideria.cn/101/19。

小结

本章介绍了如何使用消息机制。在游戏开发过程中，会利用消息机制将代码之间的耦合度降低，这是降低耦合度最常用的一种方式。在处理服务器消息时，就是使用消息机制。

本章任务

请仿照范例自行创建一个消息类型，并为其注册事件和广播。

第 6 章

网络基础与协议简介

本章内容

通过网络游戏的基础学习，进一步理解和掌握 Socket 套接字以及 TCP/IP 协议在网络通信中的应用。在此基础之上，进一步学习在网络游戏中经常使用的通信协议以及 ProtoBuf 序列化/反序列化工具的使用和在项目中的应用。

知识要点

- 了解网络通信基础。
- 掌握 Socket 套接字以及 TCP/IP 协议的使用。
- 熟练使用 Socket 进行简单的网络通信。
- 理解网络游戏通信协议以及 ProtoBuf 的使用。

6.1 网络基础

6.1.1 网络模型

先来了解一下通信的基本概念。举例来说，给朋友快递一件物品，如果这件物品没有进行任何的封装，很可能在路途中就会丢失，这是不安全的。所以在寄快递时要对物品进行封装并赋予地址，而且在每个站点都会进行校验扫描，以防止物品丢失。网络传输也是一样的，如果没有对数据进行编码校验，数据在传输过程中很可能会丢失。为此，人们通过网络模型来解决网络传输的问题。

读者可能在之前听说过七层网络协议，这就是网络的传输模型。这里先来介绍协议的概念。通信协议是通信双方对数据传送控制的一种约定，通信的双方必须遵守，这样才能"听懂对方说的话"。比如一个外国友人想在店员不懂外语的店家买苹果，但是他只会说 Apple，店员听不懂友人具体想要买什么，因为他们对苹果没有一个统一的约定。同样，通信双方想要进行网络通信，必须有一套协议，双方都使用此协议，交流就没有什么问题了。

最经典的网络模型就是 OSI。OSI 是一个开放性的通信系统互联参考模型，它是一个定义得非常好的协议规范。OSI 模型有 7 层结构，每层都可以有几个子层。OSI 的 7 层从上到下分别是：

- 应用层
- 表示层
- 会话层
- 传输层
- 网络层
- 数据链路层
- 物理层

其中上面 4 层定义了应用程序的功能，由程序开发者实现，统称为高层。下面 3 层主要面向通过网络的端到端的数据流，由操作系统提供，统称为低层。每一层的功能如图 6-1 所示。

第 6 章
网络基础与协议简介

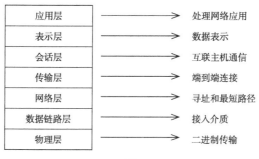

图 6-1

- 应用层：为应用程序提供服务。
- 表示层：为应用层进程提供格式化的表示和转换数据服务。
- 会话层：进程间的对话也称为会话，会话层管理不同主机上各进程间的对话。
- 传输层：提供不考虑具体网络的高效、经济、透明的端到端数据传输服务。
- 网络层：将数据分成一定长度的分组，将分组穿过通信子网，从信源选择路径后传到信宿。
- 数据链路层：将数据分成一个个数据帧，以数据帧为单位传输。有应有答，遇错重发。
- 物理层：在物理媒体上传输原始的数据比特流。

OSI 网络体系结构把网络传输划分为 7 个独立的层次。

◎ 应用层

客户端想向服务器端发送消息，例如发送"你好"，那么首先要做的就是将"你好"转换成二进制流传递给传输层，如图 6-2 所示。此过程在应用层完成。注意，此应用层指的是 7 层网络模型中的上面 3 层，即应用层、表示层和会话层。

应用层数据转换

图 6-2

◎ 传输层

传输层是 OSI 模型中最重要的一层。这一层定义了一些传输数据的协议和端口号，来选择数据传输的模式。数据传输协议最常见的就是 TCP 协议和 UDP 协议。以 TCP 协议为例，TCP 协议是面向连接型的传输协议，意思就是想进行数据传输必须先建立连接，而且传输基于字节流，而不是一个一个报文地独立传输，是以流的形式传输的，如图 6-3 所示。

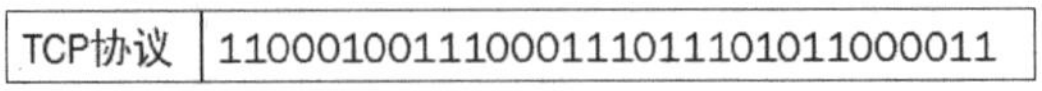

| TCP协议 | 1100010011100011101110101100011 |

传输层数据转换

图 6-3

◎ 网络层

在计算机网络中进行通信的两台计算机之间可能会经过很多个数据链路。网络层的任务就是选择合适的网间路由和交换节点，确保数据及时传送。在网络层中经常用到的是 IP 协议，此协议用于将多个包的交换网络连接起来，还会给传送的数据加上目的地址（IP 与端口号）等信息，如图 6-4 所示。

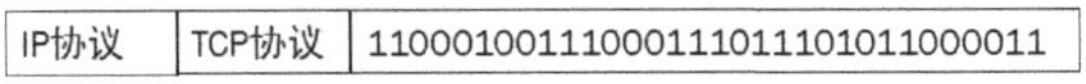

| IP协议 | TCP协议 | 1100010011100011101110101100011 |

网络层数据转换

图 6-4

◎ 数据链路层

在数据链路层中，为了使传输中发生差错后只将有错的有限数据进行重发，将比特流组合成以帧为单位进行传送。每一帧中除包括要传送的数据外，还包括校验码，以使接收方能发现传输中的差错。所以数据链路层会拆分数据并添加一些额外的数据，如图 6-5 所示。

| 帧首部\|数据 | | 帧首部\|数据 | | 帧首部\|数据 |

数据链路层数据转换

图 6-5

◎ 物理层

物理层是 OSI 参考模型的最低层，它利用传输介质为通信的主机之间建立管理和释放物理连接，实现比特流的透明传输（传输单位是比特），保证比特流通过传输介质正确传输。数据传输到目的地后，再按照相反的顺序将传过来的数据解析，最后得到字符串"你好"。

6.1.2 TCP/IP 模型

在实际运用的时候，经常会用到 OSI 网络模型的简化版——TCP/IP 层次模型。TCP/IP 不是单个协议，而是一个协议族的统称，里面包括了 IP 协议、TCP 协议等。下面介绍几个相关概念。

◎ **IP 地址**

网络上每一个节点都必须有一个独立的 Internet 地址（也叫做 IP 地址）。通常使用的 IP 地址是一个 32bit 的数字，也就是我们常说的 IPv4 标准，这 32bit 的数字分成四组，也就是常见的 255.255.255.255 的样式。

◎ **域名系统**

域名系统是一个分布的数据库，它提供将主机名（网址）转换成 IP 地址的服务。

◎ **端口号**

这个号码是用在 TCP、UDP 上的一个逻辑号码，并不是一个硬件端口。应用程序通过端口彼此通信。

6.1.3 Socket 套接字

◎ **套接字**

套接字也就是常说的 Socket。简单来说，Socket 就是该模式的一个实现，Socket 是一种特殊的文件，一些 Socket 函数就是对数据进行的操作，如读 / 写、打开 / 关闭。当调用 Socket 类创建一个 Socket 时，返回的 Socket 描述存在于协议族（address family，AF_XXX）空间中，但没有一个具体的地址。如果想给它赋一个地址，就必须调用 bind 函数，否则当调用 connect、listen 时系统会自动随机分配一个端口。Socket 包括 IP 地址和端口号两部分，程序通过 Socket 来通信，Socket 相当于操作系统的一个组件，用于描述 IP 地址和端口号，是一个通信链的句柄。那么两个程序之间是如何进行通信的呢？

◎ **Socket 的通信过程**

在服务器端，首先要申请一个 Socket，可以把它比作手机，接着发出连接请求，这里就需要客户端的 IP 地址与端口号了，相当于知道对方的手机号，然后向对方拨号呼叫。通过 IP 地址确定了网络中的一台计算机后，该电脑上提供了很多服务的应用，每一个应用都对应一个端口，不同的端口对应于不同的服务（应用程序）。这是 IP 地址和端口号的作用，具体含义读者可以参考服务器端内容。通信接通后，两个程序之间就可以通过 Socket 发送数据和从 Socket 接收数据了。通信结束后，一方关闭 Socket，撤销连接。Socket 不仅可以在两台电脑之间通信，还可以在同一台电脑上的两个程序间通信。这是利用 Socket 通信的流程。接着来看 Socket 类与常用函数。

◎ Socket 类与常用函数

构造函数：

```
public Socket(SocketInformation socketInformation);

public Socket(SocketType socketType, ProtocolType protocolType);

public Socket(AddressFamily addressFamily, SocketType socketType, ProtocolType protocolType);
```

Socket 的构造函数有 3 个，表示申请 Socket 时有 3 种方式。最常用的是第 3 种，包含了 3 个参数，分别是地址族（AddressFamily）、Socket 类型（SocketType）和协议类型（ProtocolType）。

常用函数：

```
Socket()            //创建一个 Socket
Bind()              //绑定一个本地的 IP 和端口号(IPEndPoint)
Listen()            //让 Socket 侦听传入的连接，并指定侦听队列容量
Connect()           //初始化与另一个 Socket 的连接
BeginConnect()      //开启一个异步连接
Accept()            //接受连接并返回一个新的 Socket
Send()              //输出数据到 Socket
Receive()           //从 Socket 中读取数据
Close()             //关闭 Socket，销毁连接
```

◎ 示例

接下来就以一个简单的例子，来介绍客户端与服务器端的连接。先来看服务器端。

服务器端：

新建一个脚本 NetWorkSever，并将此挂载到场景中的 Camera 对象上。双击打开脚本。

在 Start 函数中申请一个 Socket，地址族为 interNetwork(IPv4)，Socket 类型为字节

流，协议类型为 TCP。然后创建 IP 地址与端口号，并封装在 IPEndPoint 中。将服务器端的 Socket 绑定 IP 地址和端口号，注意，这个方法只在服务器端使用。最后利用这个 Socket 监听客户端的连接。Listen 函数中的参数表示最多可以监听 10 个客户端。这个服务器端的创建就完成了，但是此服务器端并没有任何逻辑，仅仅提供了连接的功能。在实际项目中，服务器端包含大量的功能逻辑。

```
void Start ()
{
    Socket serverSocket = new Socket(AddressFamily.InterNetwork,
    SocketType.Stream, ProtocolType.Tcp);
    IPAddress ip = IPAddress.Parse("127.0.0.1");
    int port = 5566;
    IPEndPoint point = new IPEndPoint(ip, port);
    serverSocket.Bind(point);
    serverSocket.Listen(10);
}
```

> **小提示**
>
> 想使用 IPAddress 类型，必须引用 System.Net；想创建 Socket，必须引用 System.Net.Sockets 命名空间。

> **说明**
>
> 为了方便测试，本书示例都在 Unity 中完成。因此，服务器端与客户端都依靠运行游戏来启动。

客户端：

新建一个脚本 NetWorkClient，将其挂载到场景中的 Camera 对象上。

打开脚本，在 Start 函数中，连接服务器端。主要完成 3 件事：申请一个 Socket，地址族为 interNetwork(IPv4)，Socket 类型为字节流，协议类型为 TCP；定义服务器的 IP 地址与进程的端口号；通过 BeginConnect 函数连接服务器。代码如下所示。

```
void Start ()
{
    Socket clientScoket = new Socket(AddressFamily.InterNetwork,
    SocketType.Stream, ProtocolType.Tcp);
    IPAddress ip = IPAddress.Parse("127.0.0.1");
    int port = 5566;
    IPEndPoint point = new IPEndPoint(ip, port);
    clientScoket.BeginConnect(point, new AsyncCallback(OnConnect),
    clientScoket);
```

```
}
public void OnConnect(IAsyncResult ar )
{
    Debug.Log("连接服务器端成功");
}
```

BeginConnect 函数中包含 3 个参数。
- 封装服务器端 IP 地址与端口号的 point。
- 异步回调函数 OnConnect：为了方便观察连接服务器端的状态，定义一个回调函数，当连接成功时，调用此函数。
- 连接对象 clientScoket：表示请求连接服务器端的对象，回调函数只有通过此对象才能传递 Socket 到 BeginConnect 函数中。

运行游戏，在 Unity 的控制台中显示了"连接服务端成功"，如图 6-6 所示，表示服务器端与客户端连接成功。

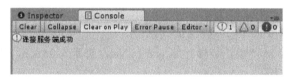

图 6-6

6.1.4 TCP 通信

在创建 Socket 时有 3 个参数：地址族、Socket 类型以及协议类。上边的代码使用的协议是 TCP，这也是经常用的协议类型。微软基于 TCP 协议对 Socket 进行了封装，TcpListener 为服务器端，TcpClient 为客户端。当然，用户也可以自己封装。TcpClient 的使用和 Socket 的使用是一样的。接下来以一个示例来介绍 TCP 通信。

服务器端：

新建一个脚本 NetWorkTcpServer，挂载到场景中的 Cmera 对象上。

打开脚本，在 Start 函数中，创建服务器端。先设置本地的 IP 地址与端口，然后创建一个 TcpListener，并为其绑定 IP 地址与端口号。在服务器端创建 TcpClient 与使用 Socket 的过程是一样，只是开始监听的方法不一样。Start 函数是对 Listen 函数的封装。最后通过 AcceptTcpClient 函数等待客户端的连接。代码如下所示。

```
void Start()
{
    IPAddress localAddr = IPAddress.Parse("127.0.0.1");
    int port = 5566;
```

```
    TcpListener server = new TcpListener(localAddr, port);
    server.Start();
    TcpClient client = server.AcceptTcpClient();
}
```

客户端：

新建一个脚本 NetWorkTcpClient，挂载到场景中某个激活的对象上。

打开脚本，在 Start 函数中创建一个 TcpClient，并通过 TcpClient 中的 BeginConnect 函数异步连接服务器端。在连接服务器端时，创建一个回调函数来显示连接结果。代码如下所示。

```
void Start ()
{
    string IP = "127.0.0.1";
    int port = 5566;
    TcpClient client = new TcpClient();
    client.BeginConnect(IP, port,new AsyncCallback(OnConnect),client);
}
public void OnConnect(IAsyncResult ac)
{
    Debug.Log(" 连接 TcpSever 成功 ");
}
```

运行游戏，在 Unity 的控制台中显示了"连接 TcpSever 成功"，如图 6-7 所示，表示服务器端与客户端连接成功。

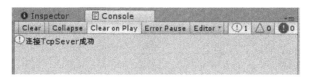

图 6-7

小结

Socket 可以使用其他协议，比如 UDP 协议，它的传输类型是数据报类型。TcpClient 是专门针对 TCP 协议进行封装的，所以在使用 TCPClient 时不需要再指定传输类型与协议类型。它的通信过程也是先创建连接，最常见的是 BeginConnect 和 EndConnect。在建立了套接字的连接后，服务器端和客户端之间就可以进行数据通信了。异步套接字用 BeginSend 和 EndSend 方法来负责数据的发送，接收数据是通过 BeginReceive 和 EndReceive 方法完成的。在这个游戏项目中，使用的是 TcpClient，接下来就要介绍本项目中的网络通信模块了。

6.2 网络层框架

6.2.1 网络管理器

文件目录：Aeests\Scripts\Common\NetWorkManager。

本游戏网络通信部分的核心内容在 NetWorkManager 中，通信的连接和管理、消息的发送和接收、缓存处理等都在这个脚本中完成。通信原理在前边的章节中简单介绍过，接下来通过项目实践来实现这个过程。本章请读者结合视频（http://books.insideria.cn/101/47）进行学习。

6.2.2 网络初始化

客户端与服务器通信的第一步是获得服务器端的 IP 地址与端口号，一般初始化的方法 Init 函数会设置服务器的 IP 地址与端口号、服务器的类型等。这是在连接服务器前要做的。代码如下所示。

```
public void Init(string host, Int32 port, ServerType type)
{
    m_IP = host;
    m_Port = port;
    serverType = type;
    m_n32ConnectTimes = 0;s
    canReconnect = true;
    m_RecvPos = 0;
}
```

> 小提示
>
> 可以通过以下方式设置服务器端 IP 地址、端口号与服务器类型：
> NetworkManager.Instance.Init(info.addr, info.port, NetworkManager.ServerType.BalanceServer);

网络连接

服务器端的相关信息设置完成后,客户端开始发起连接,整个连接过程可以分为 3 个部分:

(1) 开始连接。
(2) 正在连接。
(3) 连接成功。

客户端连接过程在 Update 函数中完成,代码如下所示。如果连接的服务器端 IP 地址、端口号或服务器类型发生改变时,只需要通过上边的 Init 函数设置,网络就会自动连接。Update 函数在这里省略了这 3 部分的操作处理,接下来详细介绍每一个模块的内容。

```
public void Update(float fDeltaTime)
{
    if (m_Client != null)                  // 如果已经有客户端连接
    {
        // 连接成功处理
    }
    else if (m_Connecting != null)         // 如果客户端正在连接
    {
        // 正在连接处理
    }
    else                                    // 如果没有连接
    {
        // 开始连接    OnConnect();
    }
}
```

◎ **开始连接**

在客户端设置好服务器端的基本信息后,开始连接服务器端,也就是 Update 函数中的最后一部分,在此部分中直接调用 OnConnect 函数,连接过程如图 6-8 所示。

图 6-8

OnConnect 函数代码如下所示，此函数在正式连接前做了一系列判断，以确保可以正常连接。首先判断是否允许连接，如果不能则直接返回。在网络初始化时，Init 函数将 canReconnect 设置为 true。其次检查是否正在连接或者已经连接成功，如果存在这些行为，那么直接抛出异常。判断完成之后就可以执行连接，创建 TcpClient 类型的变量 m_Connecting，利用 m_Connecting 的 BeginConnect 开始异步请求连接远程的主机。由此 m_Connecting 不等于空了。Update 函数在更新时进入第二部分——正在连接的处理过程。

```
public void Connect()
{
    if (!canReconnect) return;// 连接开关为 false
    if (m_CanConnectTime > Time.time) return;// 连接超时
    if (m_Client != null)// 已经连接
    throw new Exception("The socket is connecting, cannot connect again!");
    if (m_Connecting != null)// 正在连接
    throw new Exception(" The socket is connecting, cannot connect again!");
    try        // 开始连接
    {
        m_Connecting = new TcpClient();
        mConnectResult = m_Connecting.BeginConnect(m_IP, m_Port, null, null);
        m_ConnectOverCount = 0;
        m_ConnectOverTime = Time.time + 2;
    }
    catch (Exception exc)    // 连接异常
    {
        Debugger.LogError(exc.ToString());
        m_Client = m_Connecting;
        m_Connecting = null;
        mConnectResult = null;
        OnConnectError(m_Client, null);
    }
}
```

> **小知识**
>
> 连接过程在 Try-Catch 中进行，监测 Try 中的代码块，如果连接失败，直接跳转到 Catch 中，以防止产生错误而使游戏中断。

◎ 正在连接

Update 函数再次刷新后，m_Connecting 不为空，此时客户端正在连接，所以进入

第 6 章
网络基础与协议简介

第二部分——正在连接处理。这一部分内容的主要目标如图 6-9 所示。在连接不超时并且在规定连接次数的范围内连接成功后,对连接进行设置,比如设置网络参数、保持活跃状态等。还有就是通过 OnConnected 函数去选择对应的服务器。最重要的是将正在连接的客户端 m_Connecting 赋值给 m_Client,代表客户端连接成功。连接成功后,客户端 m_Client 开始从网络缓冲区读取数据,m_RecvBuffer 是客户端自定义的缓冲区,用于存储从服务器端接收到的数据。mRecvResult 是读取的结果。在 Update 函数再次更新时,m_Client 变量不为空,则进入第一部分,进行连接成功处理。代码如下所示。

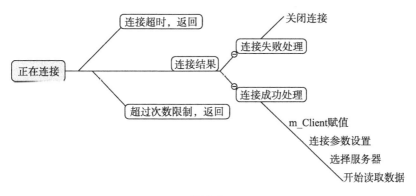

图 6-9

```
// 正在连接处理
if (m_ConnectOverCount > 200 && Time.time > m_ConnectOverTime)
{
    m_Client = m_Connecting;
    m_Connecting = null;
    mConnectResult = null;
    OnConnectError(m_Client, null);
    return;
}
++m_ConnectOverCount;// 记录连接次数
if (mConnectResult.IsCompleted)// 连接参数设置
{
    m_Client = m_Connecting;
    m_Connecting = null;
    mConnectResult = null;
    if (m_Client.Connected)
    {
        try
        {
            m_Client.NoDelay = true;
            m_Client.Client.SetSocketOption(SocketOptionLevel.Socket,
            SocketOptionName.SendTimeout, 2000);
```

```
            m_Client.Client.SetSocketOption(SocketOptionLevel.Socket,
            SocketOptionName.ReceiveTimeout, 2000);
            m_Client.Client.SetSocketOption(SocketOptionLevel.Socket,
            SocketOptionName.KeepAlive, true);
            // 从网络缓冲区异步读取数据
            mRecvResult = m_Client.GetStream().BeginRead(m_RecvBuffer, 0,
            m_RecvBuffer.Length, null, null);
            m_RecvOverTime = Time.time + mRecvOverDelayTime;
            m_RecvOverCount = 0;
            OnConnected(m_Client, null);// 连接时服务器的选择
        }
        catch (Exception exc)
        {
            Debugger.LogError(exc.ToString());
            Close();
            return;
        }
    }
    else
    {
        OnConnectError(m_Client, null);
    }
}
```

◎ 连接成功

当客户端 m_Client 连接成功后，进入第一部分——连接成功处理，处理过程如图 6-10 所示。此时已经是连接成功状态，代码如下所示。此部分先通过 **DealWithMsg** 函数处理接收到的数据，然后检查读取数据是否完成。如果数据读取完成，则结束读取，将数据保存进缓存区，等待下一次读取。消息处理过程涉及 **DealWithMsg** 函数，此函数的目的就是获取消息类型与消息体，然后通过消息处理中心对消息进行相应的操作。

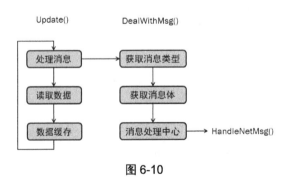

图 6-10

第 6 章
网络基础与协议简介

```
if (m_Client != null)
{
    // 处理 mReceiveStreams 中缓存的消息
    DealWithMsg();
    if (mRecvResult != null)
    {
        // 接收数据超过 200 次并且超时，则关闭连接
        if (m_RecvOverCount > 200 && Time.time > m_RecvOverTime)
        {
            Debugger.LogError("recv data over 200, so close network.");
            Close();
            return;
        }
        ++m_RecvOverCount;// 记录接收次数
        if (mRecvResult.IsCompleted)
        {
            try
            {
                Int32 n32BytesRead = m_Client.GetStream().EndRead
                (mRecvResult);
                m_RecvPos += n32BytesRead;
                if (n32BytesRead == 0)
                {
                    Debugger.LogError("can't recv data now, so close
                    network 2.");
                    Close();// 关闭连接的客户端
                    return;
                }
            }
            catch (Exception exc)
            {
                Debugger.LogError(exc.ToString());
                Close();// 关闭连接的客户端
                return;
            }
            OnDataReceived(null, null);// 接收数据处理
            if (m_Client != null)
            {
                try
                {
                    mRecvResult = m_Client.GetStream().BeginRead(m_
                    RecvBuffer, m_RecvPos, m_RecvBuffer.Length - m_RecvPos,
                    null, null);
                    m_RecvOverTime = Time.time + mRecvOverDelayTime;
                    m_RecvOverCount = 0;
```

125

```
                }
                catch (Exception exc)
                {
                    Debugger.LogError(exc.ToString());
                    Close();
                    return;
                }
            }
        }
    }
    if (m_Client != null && m_Client.Connected == false)
    {
        Debugger.LogError("client is close by system, so close it now.");
        Close();
        return;
    }
}
```

> **小知识**
>
> BeginRead 调用后开始读取，但不返回文件内容，而是返回 IAsyncResult；EndRead 调用后准备结束读取，这个方法需要将 BeginRead 调用后返回的 IAsyncResult 结果作为参数，返回值是指定的数据。
>
> 针对服务器端返回的消息，客户端在消息处理中心（CGLCtrl_GameLogic）做了相应的操作。在处理这些消息前，先来学习通信协议。

6.3 通信协议

6.3.1 通信协议概念

前边章节都在介绍通信过程与数据处理的内容。这里的数据是服务器端传过来的，当服务器端返回数据时必须表明此数据代表什么，所以传过来的数据一定要包含消息类型才能进行处理。那么如何让通信双方"听懂"对方所表达的意思呢？先来了解一下通信协议。

通信协议是客户端和服务器端必须遵循的规则和约定，双方必须具有共同的语言。交流什么、怎样交流以及何时交流，都必须遵循某种互相都能接受的规则。这个规则就是通信协议。在项目开发中，通信协议会提前定好。本项目中，通信协议中包含了所有消息的类型，以及消息的描述。如果没有协议，那么通信双方根本不清楚对方想要做什么。下面是游戏客户端与登录服务器通信协议的一个示例。此文件中包含了多种协议，比如客户端 GC 向网关服务器端 GS 发送的消息，平衡服务器 BS 向客户端 GC 发送的消息，等等。

文件目录：Assets\Scripts\Common\GameData\Protocal。

```
enum EMsgToGCFromGS
{
    eMsgToGCFromGS_Begin = 0,
    eMsgToGCFromGS_GCAskPingRet = 1,
    eMsgToGCFromGS_NotifyUserBaseInfo = 2,
    eMsgToGCFromGS_NotifySystemAnnounce = 3,
    eMsgToGCFromGS_NotifyNetClash = 4,
    // 省略部分协议
}
```

这里仅仅是通信协议的冰山一角。通信双发在互发消息时都会将这些消息类型、消息长度以及消息体封装起来一起发送，接收时也会根据消息的类型来做相应的处理。

6.3.2 消息处理中心

利用 **DealWithMsg** 函数来处理消息，主要处理过程就是获取消息类型与消息体，获取完成后将消息体移除，方便处理下一个消息。得到消息类型与消息体后，将这两个参数传递给 CGLCtrl_GameLogic 的 HandleNetMsg 函数。

```
// 处理 mReceiveStreams 中的消息
public void DealWithMsg()
{
    while (mReceiveMsgIDs.Count>0 && mReceiveStreams.Count>0)
    {
        int type = mReceiveMsgIDs[0];// 获取消息类型
        System.IO.MemoryStream iostream = mReceiveStreams[0];// 获取消息体
        mReceiveMsgIDs.RemoveAt(0);
        mReceiveStreams.RemoveAt(0);
        // 消息处理
        CGLCtrl_GameLogic.Instance.HandleNetMsg(iostream, type);
        if (mReceiveStreamsPool.Count<100)
        {
            mReceiveStreamsPool.Add(iostream);
        }
```

```
            else
            {
                iostream = null;
            }
        }
    }
```

> **小提示**
> 在资源中此函数还包含了一些判断，但仅用于运行在 Unity 编辑器中，在其他平台中不会被调用，所以在此去掉了这些判断。

消息处理器 HandleNetMsg 函数负责处理所有的服务器的消息，过程就是将服务器消息解包后通过事件机制广播出去，其他游戏功能通过接受相应的时间推动游戏运行。此函数在 CGLCtrl_GameLogic 类中，此脚本名称为 **CGLCtrl_GameLogic_MsgHandler**。

CGLCtrl_GameLogic 类由两部分组成，一部分负责消息的处理，另一部分负责消息的发送。它们封装在不同的脚本中，但是类名称是相同的。对于消息处理中心的内容，其处理过程如图 6-11 所示。代码如下所示。

图 6-11

```
public void HandleNetMsg(System.IO.Stream stream, int n32ProtocalID)
{
    switch (n32ProtocalID)
    {
        case (Int32)GSToGC.MsgID.eMsgToGCFromGS_GCAskPingRet:
            OnNetMsg_NotifyPing(stream);// 心跳
            break;
        case (Int32)GSToGC.MsgID.eMsgToGCFromGS_NotifyUserBaseInfo:
            OnNetMsg_NotifyUserBaseInfo(stream);      // 用户基本信息
            break;
        case (Int32)GSToGC.MsgID.eMsgToGCFromGS_GCAskRet:
```

```
                OnNetMsg_NotifyReturn(stream);
                break;
        case (Int32)GSToGC.MsgID.eMsgToGCFromGS_NotifyNetClash:
                OnNetMsg_NotifyNetClash(stream);
                break;
        case (Int32)GSToGC.MsgID.eMsgToGCFromGS_NotifyBattleBaseInfo:
                OnNetMsg_NotifyBattleBaseInfo(stream);
                // 战斗基本信息、设置地图 ID、战斗 ID 是否是重新连接
                break;
                // 省略其他消息处理过程
    }
}
```

消息处理中心负责消息的逻辑处理功能,这里传递过来的消息体并没有序列化。此函数根据消息的类型进行对应的逻辑处理。服务器端与客户端通信的消息很多,在此省略了大部分的内容,读者可以查阅本项目的资源。现在举例说明消息处理过程。

以第一个消息校验为例,当消息类型为 **eMsgToGCFromGS_GCAskPingRet** 时,调用 **OnNetMsg_NotifyPing** 方法,并将 **Stream** 作为参数传进去,代码如下所示(此函数同样存在于 **CGLCtrl_GameLogic_MsgHandler** 脚本中)。

```
Int32 OnNetMsg_NotifyPing(Stream stream)
{
    GSToGC.PingRet pMsg;
    if (!ProtoDes(out pMsg, stream))// 通过反序列化,返回消息体
    {
        return PROTO_DESERIALIZE_ERROR;
    }
    Int64 n64NowTime = CGLCtrl_GameLogic.Instance.GetNowTime();
    float ping = CGLCtrl_GameLogic.Instance.GetDuration(n64NowTime, pMsg.time);
    if (pMsg.flag == 0)
    {
        ShowFPS.Instance.cSPing = ping;
    }
    else
    {
        ShowFPS.Instance.sSPing = ping;
        CEvent eve = new CEvent(EGameEvent.eGameEvent_SSPingInfo);
        eve.AddParam("ping", ping);
        EventCenter.SendEvent(eve);
    }
    return (Int32)EErrorCode.eNormal;
}
```

消息体 stream 是从服务器端传过来的，依然是一个二进制的数据流。在上面的方法中，通过 ProtoDes 函数可以将消息体反序列化。反序列化的原理以及过程会在"序列化悍将——Protocol Buffer"节中介绍。

以上就是接收消息并处理的过程。通信过程不仅包含接收消息，同样包含发送消息，那么客户端是如何向服务器端发送消息的呢？

6.3.3 消息发送

在 NetWorkManager 类中，找到 SendMsg 函数。此函数逻辑很清楚，但是里面包含了很多预编译的代码，如 #if UNITY_EDITOR 到 #endif 下的代码区，代表只在 Unity 编辑器下调用，在其他平台下不可使用。此函数的目的就是将消息体发送出去，消息发送过程如图 6-12 所示。

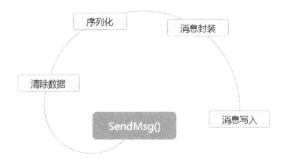

图 6-12

```
// 向服务器发送消息需要两个参数，第一个是消息体，第二个是消息ID
public void SendMsg(ProtoBuf.IExtensible pMsg, Int32 n32MsgID)
{
    if (m_Client != null)
    {
        // 清除 Stream
        mSendStream.SetLength(0);
        mSendStream.Position = 0;
        // 序列化到 Stream
        ProtoBuf.Serializer.Serialize(mSendStream, pMsg);
        CMsg pcMsg = new CMsg((int)mSendStream.Length);
        pcMsg.SetProtocalID(n32MsgID);
        pcMsg.Add(mSendStream.ToArray(), 0, (int)mSendStream.Length);
        try
        {
```

```csharp
            if (n32MsgID != 8192 && n32MsgID != 16385)
          {
              string msgName = "";
               if (Enum.IsDefined(typeof(GCToBS.MsgNum), n32MsgID))
               {
                   msgName = ((GCToBS.MsgNum)n32MsgID).ToString();
               }
               else if (Enum.IsDefined(typeof(GCToCS.MsgNum), n32MsgID))
               {
                   msgName = ((GCToCS.MsgNum)n32MsgID).ToString();
               }
               else if (Enum.IsDefined(typeof(GCToLS.MsgID), n32MsgID))
               {
                   msgName = ((GCToLS.MsgID)n32MsgID).ToString();
               }
               else if (Enum.IsDefined(typeof(GCToSS.MsgNum), n32MsgID))
               {
                   msgName = ((GCToSS.MsgNum)n32MsgID).ToString();
               }
               using (System.IO.StreamWriter sw = new System.
               IO.StreamWriter(@"F:\Log.txt", true))

               {
                   sw.WriteLine(Time.time + " 发送消息: \t" + n32MsgID + "\t" +
                   msgName);
               }
          }
          #endif
          m_Client.GetStream().Write(pcMsg.GetMsgBuffer(), 0, (int)pcMsg.
          GetMsgSize());

          #if UNITY_EDITOR
          #else
          }
          catch (Exception exc)
          {
              Debugger.LogError(exc.ToString());
              Close();
          }
     #endif
      }
 }
```

此函数中有两个参数，第一个是消息体，第二个是消息 ID，其发送过程可以分为 4 步：

（1）发送消息前，把 Stream 中的数据清除。

（2）将发送的消息体以及消息类型序列化到 Stream 中。

（3）消息的封装。Cmsg 是一个工具类，将消息长度、消息类型以及消息体打包成一个整体，以方便发送。

（4）利用 NetworkStream 中的 Write 方法发送出去。

在调用这个函数发送消息时，发送过程中还有一个问题。传参时，消息体的形参类型是 ProtoBuf.IExtensible，这个类型并不是用户自己定义的数据类型，而是使用工具 ProtoBuf 基于通信协议的 .proto 文件生成的可以读 / 写的数据结构，用来存储消息数据。消息的序列化与反序列化也可以通过此工具来完成。下一节会新接触到一个非常强悍的工具——Protocol Buffer。

6.4 序列化悍将——Protocol Buffer

6.4.1 ProtoBuf 的概念

Google Protocol Buffer（简称 ProtoBuf）是一种轻便、高效的结构化数据存储格式，可以用于结构化数据的串行化，或者说序列化。它很适合做数据存储或 RPC 数据交换格式，与平台、语言无关，可扩展，可用于通信协议和数据存储等领域。

6.4.2 ProtoBuf-net 的下载与使用

ProtoBuf-net 源码在资源包中。下载完成后，要解决第一个问题，即前边在消息发送时遇到的一个问题：定义消息利用了 ProtoBuf 协议中的数据类型，存放在 .proto 为扩展名的文件内，系统不能直接识别它，如果要在项目中使用自定义的消息，需要将 ProtoBuf 定义的消息转换成 C# 的类。

6.4.3 数据转换

下载完成后解压缩，打开文件夹，找到 src 文件夹下的 protogen 文件，利用 Protogen 工具将 .porto 文件转化成 .cs 文件。

在 Protogen 文件夹下，打开 ProtoFile 文件，这个文件夹负责存储 .proto 文件，将项目中所有的文件导入这个目录下，然后利用工具将这些文件转换成 .cs 文件。右击 genProto.bat 编辑它，找到如图 6-13 所示的内容。

```
protogen -i:GCToLS.proto -o:../GCToLS.cs
protogen -i:GCToSS.proto -o:../GCToSS.cs
protogen -i:GCToCS.proto -o:../GCToCS.cs
protogen -i:GCToBS.proto -o:../GCToBS.cs
protogen -i:GSToGC.proto -o:../GSToGC.cs
protogen -i:BSToGC.proto -o:../BSToGC.cs
protogen -i:LSToGC.proto -o:../LSToGC.cs

protogen -i:CSToRC.proto -o:../CSToRC.cs
protogen -i:RCToCS.proto -o:../RCToCS.cs
```

图 6-13

将 .proto 文件转换成 .cs 文件。

```
-i: 输入的 .proto 文件
-o: 输出的 .cs 文件
```

在这里输出目录设定为上一级，将所有要转换的文件都写在这里，然后保存、关闭，再单击 .bat 文件使它执行。执行完成后就在这个文件的上一级目录中得到了转换完成后的 .cs 文件。

有两种方法可以将 .cs 文件加入项目中，这里只介绍一种，就是预编译成 .dll 文件，然后加入项目中就可以了。步骤如下：

Step 01 新建一个类库，将所有的 .cs 文件导入。
Step 02 完成后，直接编译，可以得到 .dll 文件。
Step 03 将编译完成的 .dll 和 .pdb 文件直接导入工程中。

这样，在定义消息时就不会报错，因为它已经转换成 c# 代码了。但是在发送消息时，这个消息的类型是 ProtoBuf.IExtensible，所以还要将 protobuf-net.dll 文件导入。这就可解决有关消息发送的问题。

6.4.4 序列化结构数据

在前边讲解发送消息的时候,还遗留了一个问题,那就是序列化的问题。前边将发送的消息体以及消息类型序列化到 Stream 中,运用了 ProtoBuf 中的 Serializer 类。这个类中包含序列化和反序列化的方法。为什么要用 Protobuf 中的工具?因为在这种情况下使用此工具序列化数据非常简捷、紧凑,序列化之后的数据量约为使用 XML 序列化的 1/3 到 1/10。序列化完成后的解析速度快,比对应的 XML 快 20 ~ 100 倍。将数据序列化到 Stream 中,那么对应地,客户端接收数据后进行解析肯定会有反序列化的操作。

> **注解**
> 　　.NET 版的 Protobuf 来源于 proto 社区,叫 protobuf-net,其下载地址为 http://books.insideria.cn/101/48。

框架的第二个模块就是网络通信内容,根据本章所介绍的内容,读者可以自己尝试利用通信的模块来测试通信的流程。操作步骤如下。

Step 01 新建一个测试脚本 Text,在脚本中的 Start 函数中定义服务器端的 IP 地址与端口号。这是服务器端的 IP 地址,调用 NetworkManager 中的 Init 函数来初始化服务器的信息,这里设置的服务器类型是 LoginServer。代码如下所示。

```
void Start()
{
    string LoginServerAdress = "192.168.1.113";
    int port = 49996;

    NetworkManager.Instance.Init(LoginServerAdress, port, NetworkManager.
    ServerType.LoginServer);
}
```

Step 02 在 Update 中调用网络消息泵,NetworkManager 中的 Update 函数负责连接服务器。代码如下所示。

```
private void Update()
{
    NetworkManager.Instance.Update(Time.deltaTime);
}
```

Step 03 定义一个消息 pMsg,消息类型为 AskLogin,将消息封装在 pMsg 中,并利用 SendMsg 来发送它。可以做定时器发送,也可以通过单击按钮发送。代码如下所示。

第 6 章 网络基础与协议简介

```
public void EmsgToLs_AskLogin()
{
   GCToLS.AskLogin pMsg = new GCToLS.AskLogin();
   {
      pMsg.platform = 10;
      pMsg.uin = "guxuejiao";
      pMsg.sessionid = "10001";
      }
        NetworkManager.Instance.SendMsg(pMsg, (int)pMsg.msgid);
}
```

> **说明**
>
> 这个消息的属性并非真实的属性,而是自定义的。

Step 04 上边发送的消息是登录的请求,服务器端返回的消息体包含 BS 服务器的地址。当收到这个消息时,调用相应的逻辑。这里简单地打印了一句话,当客户端启动时,向服务器端发送消息。此时客户端接收到服务器端返回的消息并打印出来,如图 6-14 所示。代码如下所示。

```
public void HandleNetMsg(System.IO.Stream stream, int n32ProtocalID)
{
   Debug.Log("n32ProtocalID" + (GSToGC.MsgID)n32ProtocalID);
   switch (n32ProtocalID)
   {
      case (Int32)LSToGC.MsgID.eMsgToGCFromLS_NotifyServerBSAddr:
               OnNetMsg_ReadyConnectServer(stream);
               break;
   }
}
void OnNetMsg_ReadyConnectServer(System.IO.Stream stream)
{
   Debug.Log(" 收到服务器地址,准备连接 ");
}
```

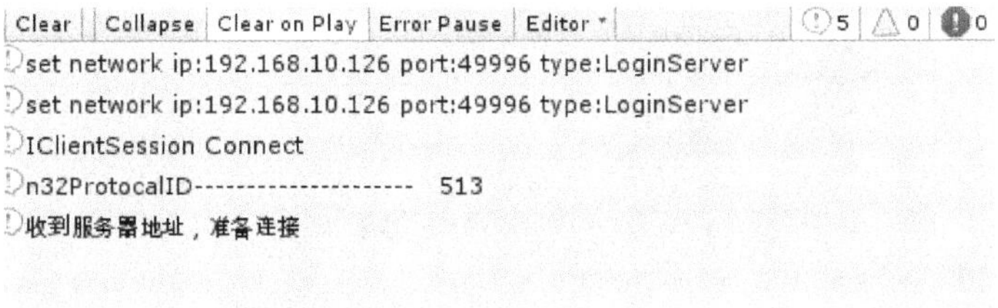

图 6-14

小提示

通信的内容有很多。有关网络通信，后期会深入讲解通信基本原理、通信协议以及常用的工具。有兴趣的读者可参考视频文件 http://books.insideria.cn/101/20。

小结

本章主要学习项目中框架的第二个模块——通信机制。为此，一开始介绍了通信的基本原理，此模块内容也适用于其他的网络游戏。具体细节读者可以结合视频学习。

本章任务

分别利用 Socket 与 TcpClient 实现客户端与服务器端的通信连接。

第 7 章

Node.js 开发环境搭建与通用游戏服务器介绍

本章内容

Node.js 是当下流行的服务器技术之一。本书游戏案例的服务器开发环境基于 Node.js。通过本章的学习，读者除可以掌握如何搭建 Node.js 开发环境外，还能了解通用游戏服务的业务处理流程以及 Thanos 游戏服务工作原理。

知识要点

- 搭建 Node.js 开发环境。
- 安装游戏开发所需的配置文件。
- 编写项目配置文件。
- 通用游戏服务发展史。

7.1 Node.js 服务器开发环境搭建

7.1.1 Node.js 介绍

◎ **Node.js 发展史**

Node.js 是一个 JavaScript 运行时环境（Runtime Environment），发布于 2009 年 5 月，由 Ryan Dahl 开发，实质是对 Chrome 浏览器的 V8 引擎进行了封装。Node.js 对一些特殊用例进行优化，提供替代的 API，使得 V8 在非浏览器环境下运行得更好。

V8 引擎执行 JavaScript 的速度快，性能好。Node.js 是基于 Chrome JavaScript 运行时建立的平台，用于搭建响应速度快、易于扩展的网络应用。Node.js 使用事件驱动机制和非阻塞 I/O 模型，因而轻量和高效，非常适合在分布式设备上运行数据密集型的实时应用。

◎ **Node.js 优点**

Node.js 是单线程的，在不新增额外线程的情况下，依然可以对任务进行并发处理。它通过事件轮询（Event Loop）来实现并发操作。对此要充分利用，尽可能地避免阻塞操作，多使用非阻塞操作。

◎ **Node.js 模块**

Node.js 使用 Module 模块去划分不同的功能，以简化应用的开发，是模块化编程开发引擎。Node.js 通过 require（模块名）或 import{ 模块名 } 引入模块。模块是可重用的代码库，比如用来与数据库交互的模块。

说到模块必然会提到包的概念。包是一个文件夹，它将模块封装起来，用于发布、更新，依赖管理和版本控制。可以通过 package.json 来描述包的信息，入口文件、依赖的外部包等都在这里进行设置。可以通过 npm install 命令来安装包，并通过 require 语句使用包。

◎ Node.js 模块依赖架构（见图 7-1）

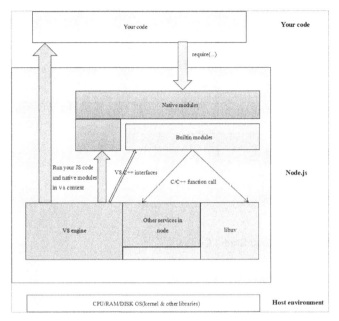

图 7-1

◎ 核心模块解释

- Your code

在执行 Node.js 程序的时候，Node.js 会先做一些 V8 初试化、libuv 启动的工作，然后交由 V8 来执行 Native modules 以及 js 代码。

- Node.js

这里重点介绍 Node.js 组成部分：V8 engine、libuv、Builtin modules、Native modules 以及其他辅助服务。

V8 engine 主要有两个作用：虚拟机的功能，执行 js 代码（自己的代码、第三方的代码和 Native modules 的代码）；提供 C++ 函数接口，为 Node.js 提供 V8 初始化，创建 context、scope 等。

❑ libuv：它是基于事件驱动的异步 I/O 模型库，js 代码发出请求，最终由 libuv 完成，而用户所设置的回调函数则是在 libuv 触发。

❑ Builtin modules：它是由 C++ 代码写成的各类模块，包含了 crypto、zlib、file stream 等基础功能（V8 提供了函数接口，libuv 提供异步 I/O 模型库，以及一些 Node.js 函数，为 Builtin modules 提供服务）。

❏ Native modules：由 js 写成，提供应用程序调用的库，同时这些模块又依赖 Builtin modules 来获取相应的服务支持。

简单总结一下：如果把 Node.js 看作一个黑匣子，暴露给开发者的接口则是 Native modules。当发起请求时，请求自上而下，穿越 Native modules，通过 Builtin modules 将请求传送至 V8、libuv 和其他辅助服务，请求结束，则从下回溯至上，最终调用回调函数。

- Host environment

宿主环境，提供各种服务，如文件管理、多线程、多进程、I/O 等。

7.1.2 软件安装与资源下载

本书服务器端开发所需资源：
❏ Node.js 软件。
❏ VS Code 软件（Visual Studio Code）。
❏ TypeScript 语言。
❏ 本书使用阶段性工程。

◎ Node.js 软件的安装

本书使用 Node.js 引擎搭建服务器。
Node.js 官方下载地址：https://nodejs.org/en/。
锐亚教育下载地址：http://books.insideria.cn/101/21。

◎ VS Code 软件的安装

本书中讲解的服务器是在 VS Code 开发环境中搭建而成的。
VS Code 官方下载地址：https://code.visualstudio.com/Download。
锐亚教育下载地址：http://books.insideria.cn/101/22。

◎ TypeScript 语言的学习

读者在学习服务器开发之前，首先需要掌握 TypeScript 强类型脚本语言的基础语法知识。

TypeScript 官方文档地址：http://www.TypeScriptlang.org/。
锐亚教育下载地址：http://books.insideria.cn/101/23。

◎ 本书使用阶段性工程下载

在服务器开发过程中，每一章节都是一个阶段，读者可通过链接将阶段性的工程

第 7 章
Node.js 开发环境搭建与通用游戏服务器介绍

文件下载到自己的计算机中，便于在接下来的学习过程中使用。

锐亚教育下载地址：http://books.insideria.cn/101/50。

7.1.3 Node.js 环境搭建

Node.js 环境搭建步骤如下。

Step 01 创建一个工程文件夹。如图 7-2 所示。

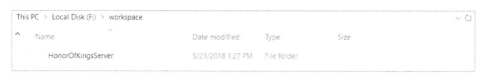

图 7-2

Step 02 打开 Windows 命令窗口，进入存放工程文件的分区，如图 7-3 所示。

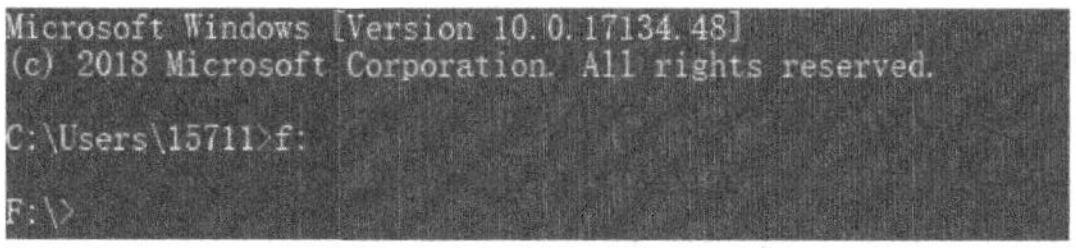

图 7-3

Step 03 通过 cd 命令进入工程文件夹中，如图 7-4 所示。

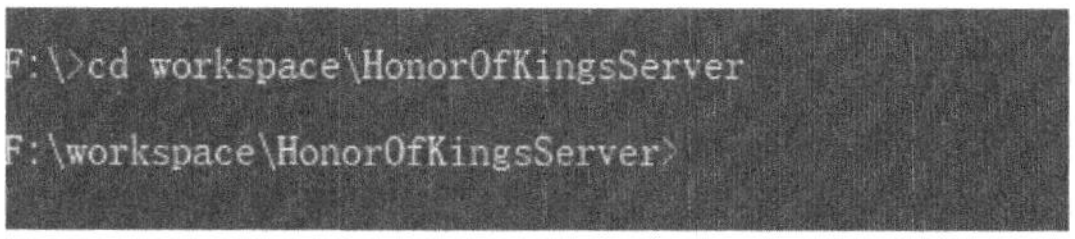

图 7-4

Step 04 通过 npm init 命令创建一个 package.json 文件，如图 7-5 所示。

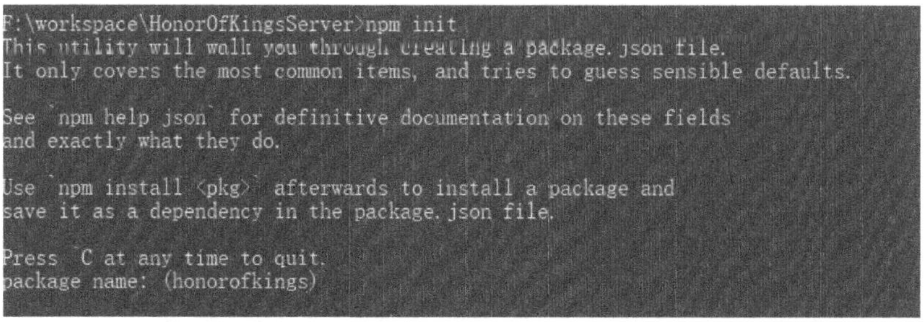

图 7-5

Step 05 完善 package.json 文件的相关信息，如图 7-6 所示。

141

```
package name: (honorofkingsserver) honorofkings
version: (1.0.0) 1.0.0
description: Honor of kings server by Ewonder
entry point: (index.js) main.js
test command:
git repository:
keywords:
author: Ewonder
license: (ISC)
About to write to F:\HonorOfKingsServer\package.json:

{
  "name": "honorofkings",
  "version": "1.0.0",
  "description": "Honor of kings server by Ewonder",
  "main": "main.js",
  "scripts": {
    "test": "echo \"Error: no test specified\" && exit 1"
  },
  "author": "Ewonder",
  "license": "ISC"
}


Is this ok? (yes) yes

F:\HonorOfKingsServer>
```

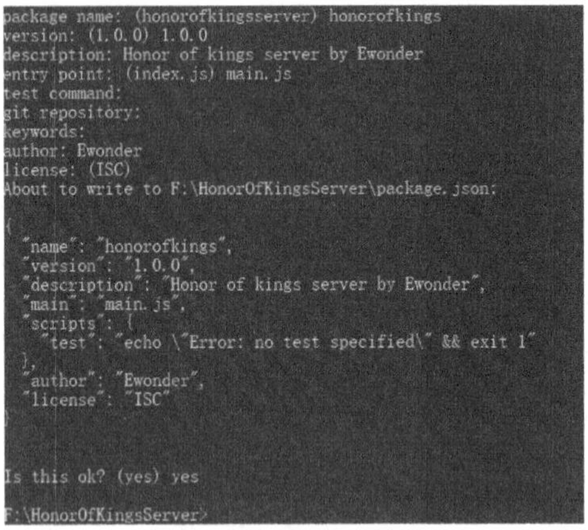

图 7-6

说明

package name 包名（全部小写）
version 版本号（1.0.0）
description 描述（Honor of kings server by Ewonder）
point 入口（main.js）
command、git repository、keywords（这 3 项可以不用填写）
author 作者（填写自己即可）
license 同意许可协议（按下 Enter 键）
Is this ok?（yes）这样就安装完成了。

可以使用命令“code .”（注意有空格，表示当前项目），通过 VS Code 打开项目工程，如图 7-7 所示。

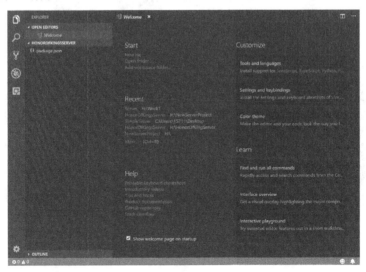

图 7-7

◎ 安装包文件

通过 npm install -g typescript 命令，全局安装 TypeScript 语言包，typescript 是 JavaScript 的超集。

TypeScript 的用处：

- ❏ 规范书写格式。TypeScript 是强类型语言，可以对脚本整体进行强类型检查。如果对象被声明为 any 类型，就会忽略所有的类型检查，使得在一些细节问题上保持弱类型的灵活。
- ❏ TypeScript 可以编译输出明文 JavaScript 代码，通过 tsc 命令可进行编译。

> **说明**
>
> （1）tsc -w 是在监视模式下运行编译器，会监视输出文件，在它们改变时重新编译。
>
> （2）读者可以通过本书资源学习 ts 语法，链接为：http://books.insideria.cn/101/23。

◎ 项目配置文件

在项目工程中创建 tsconfig.json 配置文件。tsconfig.json 文件中指定了用来编译这个项目的根文件和编译选项。

通过 tsc --init 命令，可以直接创建出 tsconfig.json 配置文件，文件中包含了所有的编译选项，可以根据需求选取其中的选项。本项目现阶段所需的编译选项及说明如下：

```
{
    "compileOnSave": true,
    "compilerOptions": {
        "target": "es2016",        /* 指定 ECMAScript 目标版本 */
        "module": "commonjs",      /* 指定生成哪个模块系统代码 */
        "sourceMap": true,         /* 生成相应的 .map 文件 */
        "strict": true, /* 以严格模式解析并为每个源文件生成 use strict 语句 */
        "outDir": "dist/"          /* 重定向输出目录 */
    },
    "include": [                   /* 指定一个文件全局匹配模式列表 */
    ]
}
```

编译完成之后，在 VS Code 编辑器中启动调试（或按快捷键 F5），单击 Node.js 选项会生成 launch.json 文件，这是整个项目的启动入口，如图 7-8 所示。

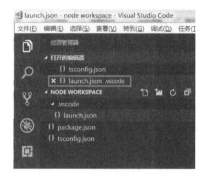

图 7-8

> **注意**
>
> 基于 VS Code 编辑器开发 Node.js 服务，必须生成这个文件。

7.2 通用游戏服务器介绍

7.2.1 游戏服务器的定义

《王者荣耀》是一款在线游戏，那什么是"在线游戏"呢？它是指以互联网为传输媒介，以游戏运营商服务器和用户计算机、手机等为处理终端，以游戏客户端软件为信息交互窗口的旨在实现娱乐、休闲、交流和获得虚拟成就的具有可持续性的个体性多人游戏。在线游戏都是由网络游戏运营商采用专业的游戏服务器进行管理和运营，才能让在线游戏玩家在娱乐时改变其属性并实现数据的存储与修改（例如等级、攻击力、防御力等信息的变化）。因为在线游戏的终端并不是在本地，所以在线游戏必须依靠互联网才可以正常运转。关于游戏服务器并没有什么较好的评价，游戏运行不顺畅时也经常会说"服务器不稳定"，如果存在"卡壳"现象，首先责怪的也必定会是服务器。那现在就开始介绍这个话题多、毛病也多的，但又具有重要价值及存在感的服务器吧！

什么是服务器？服务器可以分为主机游戏服务器和专用游戏服务器。主机游戏服务器，是指在购买一个游戏后直接运行游戏的服务器并与他人一起进行游戏的程序。在 Package 游戏当中可以看见这种游戏服务器。而专用服务器，是游戏玩家无法直接在自己的计算机上运行服务器，而由游戏制作商运行游戏服务器。专用服务器可以承载比主机服务器更多的同时在线人数，少至数十名多至数百万名。游戏制作商保留专用服务器，因此无论是在技术上还是在法律上，游戏玩家直接运营游戏服务器是不可能的。主机游戏服务器只在 Package 游戏当中，而专用游戏服务器是在在线游戏当中。本书中，会将专用游戏服务器统称为游戏服务器。

7.2.2　游戏服务器的作用

如果要进行在线游戏，需先下载并安装"游戏客户端程序"，但只有客户端也不能直接进行游戏，还需要先联网，之后还要连接到服务器。在线游戏一般不会只有一个玩家，玩家需要与连接到服务器的其他玩家一同冒险、一起竞争，所以也称为多人游戏。要实现多玩家一起游戏，需要有一个管理游戏进度和数据的程序，这便是"游戏服务器"。对于在线游戏，输入、处理游戏逻辑、输出呈现这三大功能被分割到服务器和客户端中，游戏客户端负责输入和呈现，游戏服务器负责处理游戏逻辑的功能（见图 7-9）。这便是没有连接服务器便无法进行游戏的原因。

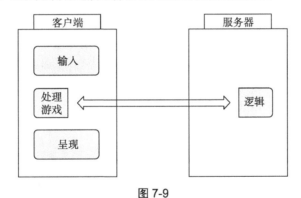

图 7-9

7.2.3　游戏服务器的架构

◎ 游戏服务器的特征

游戏服务器是会长期运行的程序，它还要服务于多个不定时、不定点的网络请求。所以这类服务要特别关注稳定性和性能。这类程序如果需要多个设备协作来提高承载能力，则还要关注部署和扩容的便利性；同时，还需要考虑如何实现某种程度的容灾需求。由于游戏服务器需要实现多进程协同工作，因此提升了开发的复杂度，而这也是需要关注的问题。

功能需求限制，是设计架构的决定性因素。基于游戏业务的功能特征，对服务器系统来说，有以下几个特殊的需求：

- 游戏和玩家的数据存储。
- 对玩家交互数据进行广播和同步。
- 重要逻辑要在服务器上运算，做好验证，防范"外挂"。

针对以上的需求特征，在服务器端，往往会关注对计算机内存和 CPU 的使用，以求在特定业务代码下，能尽量满足高承载、低响应延迟的需求。最基本的做法就是"空间换时间"，用各种缓存的方式来求得 CPU 资源和内存空间上的平衡。另外还有一个约束——带宽。网络带宽直接限制了服务器的处理能力，所以游戏服务器架构也要考虑这个因素。

◎ 游戏服务器架构的要素

对于游戏服务器端架构，主要的 3 个部分就是使用 CPU、内存、网卡的设计。

- 内存架构：主要决定服务器如何使用内存，以最大化利用服务器端内存来提高承载量，降低服务延迟。
- 逻辑架构：设计如何使用进程、线程、协程这些 CPU 调度方案。选择同步、异步等不同的编程模型，以提高服务器的稳定性和承载量。可以分区分服，也可以采用"世界服"的方式，将相同功能模块划分到不同的服务器来处理。
- 通信模式：决定使用何种方式通信。基于游戏类型的不同，采用不同的通信模式，比如 HTTP、TCP、UDP 等。

◎ 服务器演化进程

- **卡牌等休闲类弱交互游戏**

基于游戏类型的不同，服务器所采用的架构也有所不同。下面先介绍简单的模型，采用 HTTP 通信模式架构的服务器，如图 7-10 所示。

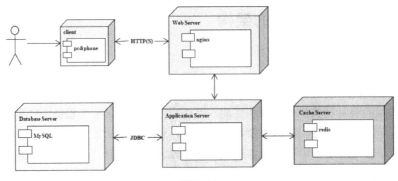

图 7-10

第 7 章
Node.js 开发环境搭建与通用游戏服务器介绍

这种服务器架构和常用的 Web 服务器架构差不多，也是采用 Nginx 负载集群支持服务器的水平扩展，使用 Redis 作为缓存。唯一不同的点在于通信层需要对协议再加工和加密，一般每个公司都有自己的一套基于 HTTP 的协议层框架，很少采用开源框架。

- **长连接游戏服务器**

长连接游戏和弱联网游戏的不同之处在于：在长连接游戏中，玩家是有状态的，服务器可以实时和 Client 交互，数据的传送不像弱联网游戏一般每次都需要重新创建一个连接，消息传送的频率以及速度都快于弱联网游戏。长连接网游的架构经过几代更新，类型也变得日益丰富。

《魔兽世界》中的无缝地图，在整个世界中进行移动时没有像以往的游戏一样，在切换场景的时候需要等待数据加载，而是直接行走过去，体验流畅。

现在的游戏大地图皆为无缝地图，多数采用 9 宫格的样式来处理。由于地图没有《魔兽世界》那么大，所以采用单台服务器、多进程处理即可。而类似《魔兽世界》这种大世界地图，必须考虑两个问题：

- ❑ 多个地图节点如何无缝拼接。特别是当地图节点比较多的时候，如何保证无缝拼接。
- ❑ 如何支持动态分布。有些区域人多，有些区域人少，如何保证服务器资源利用的最大化。

为了解决这些问题，比较以往按照地图来切割游戏而言，无缝地图并不存在一块地图上面的数据只由一台服务器处理了，而是由一组服务器来处理，每台 Node 服务器管理一块地图区域，由 NodeMaster（NM）来进行总体管理。更高层次的游戏世界则提供大陆级别的管理服务，如图 7-11 所示。

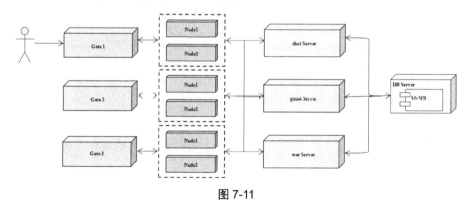

图 7-11

一个 Node 所负责的区域，地理上没必要连接在一起，可以统一交给 Node 去管理，这些区块在地理上并没有联系在一起的必要性。对于一个 Node 到底管理哪些区块，可以根据游戏实时运行的负载情况，在定时维护的时候更改 NodeMaster 上面的配置。

◎ 房间服务器（游戏大厅）

房间类游戏的玩法和 MMORPG（大型多人在线角色扮演游戏）有很大的不同，其在线广播单元的不确定性和广播数量很小，而且需要匹配一台房间服务器，进入服务器的人数也有限制。

这一类游戏最重要的是其"游戏大厅"的承载量，每个"游戏房间"受逻辑所限，需要支持和广播的玩家数据是有限的，但是"游戏大厅"需要支持相当高的在线用户数。所以，这种游戏还需要做"分服"。典型的就是《英雄联盟》《王者荣耀》这一类游戏了。而"游戏大厅"里面最有挑战性的任务，就是"自动匹配"玩家进入一个"游戏房间"，这需要对所有在线玩家做搜索和过滤。

玩家先登录"大厅服务器"，然后选择组队游戏的功能，服务器会通知参与的所有游戏客户端，新开一条连接到房间服务器，这样所有参与的玩家就能在房间服务器里进行游戏交互了，如图 7-12 所示。

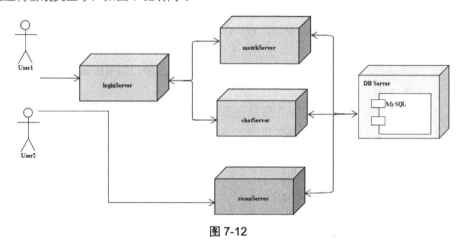

图 7-12

◎ Thanos 游戏服务器框架介绍

无论是客户端开发还是服务器开发，在做每一款游戏时，必然会存在一个框架，而这个框架往往适用于很多同类型的游戏。下面就来介绍如何搭建服务器框架，这个框架对于 MOBA 类型的游戏都是适用的。

- **程序结构**

首先介绍服务器编程中常常抽象出来的几个概念（这里以 TCP 连接为例）。

❑ TcpServer：即 TCP 服务，服务器需要绑定 IP 地址和端口号，并在该端口号上侦听客户端的连接（往往由一个成员变量 TcpListener 来管理侦听细节）。所以 TcpServer 要做的就是这些工作。除此之外，每当有新连接到来时，TcpServer 都需要接受新连接，当多个新连接存在时，TcpServer 有条不紊地管理这些连接，连接的建立、断开等，即产生和管理 TcpConnection 对象。
- 针对一个连接创建一个 Socket 句柄，用于管理这个连接的一些信息，如连接状态、本端和对端的 IP 地址和端口号等。
- Client 对象：将 Socket 收取的数据进行解包处理，或者对准备好的数据进行装包处理，并通过 Socket 发送。

归纳起来：一个 TcpServer 依靠 Listener 对新连接进行侦听和处理，依靠 Client 对连接上的数据进行管理，Client 实际依靠 Socket 对数据进行收发，并对数据进行装包和解包。也就是说一个 TcpServer 存在一个 Listener，对应多个 Client，有几个 Socket 就有几个 Client。

以数据的发送来说：当业务逻辑将数据交给 Client，Client 将数据装好包后（装包过程后可以有一些加密或压缩操作），交给 client.send()，而 client.send() 实际是调用 socket.write() 方法将数据发出去的。

对于数据的接收，稍微有一点不同：通过 Libuv 的事件处理机制，等待接收 Socket 数据到来的通知，确定 Client 上有数据到来后，激活该 Client 的 Socket 去调用 read() 来读取数据，收到数据以后，将数据交由 Server 处理，最终交给业务层。

> **注意**
>
> 数据收取、解包乃至交给业务层是一定要分开的，最好不要把解包并交给业务层和数据收取的逻辑放在一起。因为数据收取是 I/O 操作，而解包并交给业务层是逻辑计算操作。I/O 操作一般比逻辑计算要慢。到底如何安排要根据服务器业务来确定，也就是说你要想好你的服务器程序的性能瓶颈是在网络 I/O 还是逻辑计算，即使是在网络 I/O，也可以分为上行操作和下行操作，上行操作即客户端发数据给服务器，下行操作即服务器发数据给客户端。有时候数据上行少、下行大（例如对于游戏服务器，一个 NPC 移动了位置，上行操作是该客户端通知服务器自己的最新位置，而下行操作则是服务器要告诉在场的每个客户端）。

如图 7-13 所示，Thanos 游戏框架的中心就是 Server 服务器端模块，其他模块都与它进行交互。Client 客户代理模块通过 TCP 协议（Scoket）与服务器端进行通信。Protocol 协议模块主要是为了制定好客户端与服务器端通信的协议消息，并在服务器端实现对数据的打包与解包操作，而且可以接收客户端传来的消息并进行应答。MySQL 数据库模块中记录了游戏用户数据，服务器端可以根据其中的数据对用户的信息进行验证。Common 公共模块主要提供 Log 日志、通用方法以及一些常量等，方便用户进行查错、信息统计、代码复用。

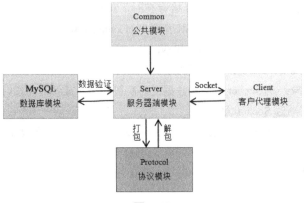

图 7-13

从第 8 章开始，将详细讲述各模块的具体操作以及实现的具体功能。

在任务过程中如遇到问题请参考视频教程（http://www.insideria.cn/course/608/tasks）或者在开发论坛中（http://www.insideria.cn/group/5）沟通交流。

> **小提示**
>
> 由于是教学案例，本课程的服务器是按单进程模型开发的，受限于进程、网络以及其他资源的限制。常规商业游戏服务器通常是多线程、多进程、多服务，甚至跨越多个服务器，这部分内容会在高级课程中为读者讲解，读者可通过链接 http://books.insideria.cn/101/24 进行学习。课程包含：多服务设计、全异步处理、多进程、Node.js 扩展、跨进程与跨服务器、Redis 缓存、RabbitMQ 等知识。

第 8 章

5 分钟编写功能强大的游戏服务器

本章内容

上一章介绍了关于 Node.js 服务器的基础知识，包括服务器框架的概念以及开发环境的搭建。认识是从实践开始的，本章带读者体验 Node.js 服务器强大的功能以及基于 Node.js 开发的 Thanos 游戏开发框架便捷性。框架是一个通用模板，一般情况下只需要运行框架生成器，自动产生框架相关的文件即可。本书也为读者介绍了框架中各部分所实现的功能以及实现方法。

知识要点

- 生成 Thanos 服务器框架。
- 实现简单的网络通信实例。
- 了解框架中各部分功能的作用。

8.1 自动化生成服务器

8.1.1 创建 serverframework.ts 文件

具体步骤如下。

Step 01 在 HonorOfKingsServer 工程中，在 Vs Code 中单击创建文件夹按钮，创建 tools 文件夹。

Step 02 在 tools 文件夹下创建二级目录 autoframework 文件夹，再在 autoframework 文件夹下创建 serverframework.ts 文件。如图 8-1 所示。

图 8-1

8.1.2 编写生成器

单击 serverframework.ts 文件，打开下载好的生成器文件，复制下列代码到此文件中。

```
// 模块导入
import * as FileSystem from 'fs-extra';
import Ast from "ts-simple-ast";
import * as url from 'url';
import * as request from 'request';
import * as https from 'https';
import * as Path from 'path';
import * as Exec from 'child_process';
```

```
// 获取 url 选项
function getOptions(urlString) {
    let _url = url.parse(urlString);
    let headers = {
        'User-Agent': 'insideria'
    };
    let token = process.env['INSIDERIA_TOKEN'];
    if (token) {
        headers['Authorization'] = 'token ' + token;
    }
    return {
        protocol: _url.protocol,
        host: _url.host,
        port: _url.port,
        path: _url.path,
        headers: headers
    };
}

// 从 Web 服务器下载文件
async function download(url: string, redirectCount: number) {
    return new Promise((c, e) => {
        var content = '';
        https.get(getOptions(url), function (response) {
            response.on('data', function (data) {
                content += data.toString();
            }).on('end', function () {
                if (response.statusCode === 403 && response.headers['x-ratelimit-remaining'] === '0') {
                    e('GitHub API rate exceeded. Set GITHUB_TOKEN environment variable to increase rate limit.');
                    return;
                }
                let count = redirectCount || 0;
                if (count < 5 && response.statusCode >= 300 && response.statusCode <= 303 || response.statusCode === 307) {
                    let location = response.headers['location'];
                    if (location) {
                        console.log("Redirected " + url + " to " + location);
                        download(location, count + 1).then(c, e);
                        return;
                    }
                }
                c(content);
            });
        }).on('error', function (err) {
            e(err.message);
        });
    });
}

// 框架文件接口
export interface IServerFrameworkFiles {
    files: IServerFrameworkFile[];
```

```typescript
}
export interface IServerFrameworkFile {
    src: string;
    dst: string;
    cover: boolean;
}

// 生成框架
class ServerFramework {
    private _ast: Ast;

    // 创建 ServerFramework 实例
    static _instance: ServerFramework;
    static Main() {
        if (ServerFramework._instance==null) {
            ServerFramework._instance = new ServerFramework();
        }
        ServerFramework._instance.NewServer();
    }

    // 读取结果
    async ConsoleRead<T>(prompt: string=''): Promise<T> {
        if (prompt!=='') {
            process.stdout.write('${prompt}:');
        }
        process.stdin.resume();
        process.stdin.setEncoding('utf-8');
        return new Promise<T>((resolve, reject)=> {
            process.stdin.on('data', (chunk: T)=>{
                process.stdin.pause();
                return resolve(chunk);
            }).on('error', ()=>{
                process.stdin.pause();
                return reject('@ERROR&NAME');
            });
        });
    }

    private _serverName: string;
    private _port: Number;
    private _version: string;
    async NewServer() {
        console.log('下面开始...');
        await this.Clear();
        console.log('创建文件');
        this._ast = new Ast();
        await this.CreateAllFiles();// 等待创建所有框架文件
    }

    // 创建所有的框架文件
    async CreateAllFiles() {
        try {
            let BASE_URL = 'http://holytech.insideria.cn';
            let version = 'v1';
```

第 8 章
5 分钟编写功能强大的游戏服务器

```
            let test = await this.asyncRequest<string>({
                url: '${BASE_URL}/version',
                method: 'GET',
                headers: {
                }
            });
            // 获取所有的文件
            let baseFiles = JSON.parse(test) as IServerFrameworkFiles;
            for(let baseFileItem of baseFiles.files) {
                let a = await this.asyncRequest<string>({
                    url: '${baseFileItem.src}',
                    method: 'GET'
                });
                // 读取文件内容
                let content =  JSON.parse(a);
                 let fileContent = new Buffer(content.content, 'base64').toString();
                if (baseFileItem.dst == "main.ts") {
                    FileSystem.createFile(baseFileItem.dst);// 在本地创建文件
                           FileSystem.outputFile(baseFileItem.dst, fileContent);// 向本地文件中写入内容
                } else {
                       FileSystem.ensureDirSync(Path.dirname(baseFileItem.dst));// 确认文件目录是否存在，若不存在，创建文件夹
                    FileSystem.createFile(baseFileItem.dst);// 在本地创建文件
                            FileSystem.outputFile(baseFileItem.dst, fileContent);// 向本地文件中写入内容
                }
            }
            // 获取框架中需要引入的模块
            let dependencies = JSON.parse(test);
            for(let dependency of dependencies.dependencies) {
                Exec.exec('npm install ${dependency} --save');// 调用命令行执行安装模块命令
            }
        } catch (e) {
            console.log(e.message);
        }
    }

    // 获取消息体
    async asyncRequest<T>(options: request.UrlOptions & request.CoreOptions): Promise<T> {
        return new Promise<T>((resolve, reject) => {
            request(options, (error, response, body) => {
                if (error) {
                    reject(error);
                } else {
                    resolve(body);
                }
            });
        });
    }
}

ServerFramework.Main();
```

8.1.3 远程安装 Thanos 游戏开发框架模块

Step 01 打开 VS Code 终端，在 VS Code 编辑器菜单栏中单击"查看"→"终端"命令（或按快捷键 Ctrl+`）。如图 8-2 所示。

图 8-2

Step 02 如图 8-3 所示，在终端中逐行输入命令。

图 8-3

代码如下所示。

```
npm install @types/node --save-dec
npm install @types/async --save-dev
npm install request --save-dev
npm install ts-simple-ast --save-dev
npm install fs-extra --save
npm install @types/fs-extra --save
```

> **注意**
> 　　每输入完一条命令，按 Enter 键，等待执行完成之后再继续输入下一条命令。依次执行完这 6 条命令，就把 Copy 到文件中的代码所缺失的模块补充完整了。

8.1.4 匹配工具目录路径

单击 tsconfig.json 文件，在 include 属性下，写入如图 8-4 所示的字段，匹配现阶段所有文件。

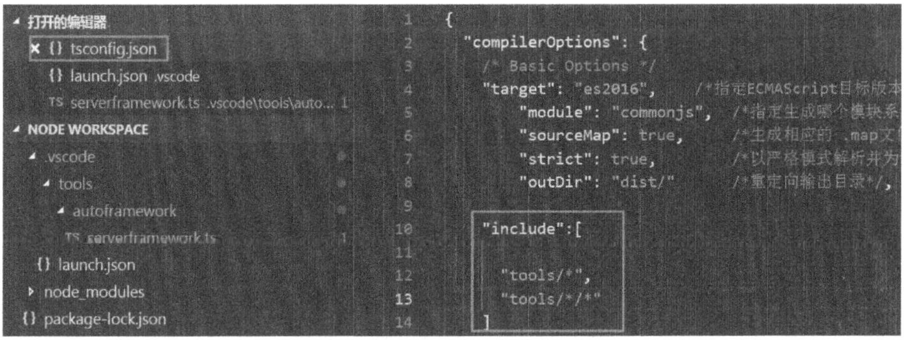

图 8-4

```
"include":[
    "tools/*",
    "tools/*/*"
]
```

8.1.5 指定程序入口函数

单击 launch.json 文件，在 configurations 属性下，写入程序入口函数的路径。代码如下所示。

```
"program": "${workspaceRoot}/dist/tools/autoframework/serverframework.js",
```

如图 8-5 所示。

图 8-5

8.1.6 生成框架文件

在 Terminal 窗口下，输入 tsc -w 命令，自动编译代码。然后，按 F5 键，执行程序，在工程的左侧会多出两个文件夹和一个文件，分别为 conf 文件夹、src 文件夹以及 main.ts 文件。如图 8-6 所示。

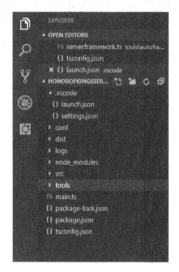

图 8-6

这样，框架文件就全部生成了。下面来测试此服务器是否畅通。

8.1.7 测试服务器

Step 01 单击 tsconfig.json 文件，在 include 属性下，写入如图 8-7 所示的字段，匹配所有文件。

```
"include": [
    "tools/*",
    "tools/*/*",
    "main.ts",
    "src/*",
    "src/*/*",
    "src/*/*/*",
]
```

图 8-7

Step 02 单击 launch.json 文件，在 configurations 属性下，写入程序入口函数的路径，此时需要把之前写好的 program 注释掉。

```
"program": "${workspaceRoot}/dist/main.js",
```

如图 8-8 所示。

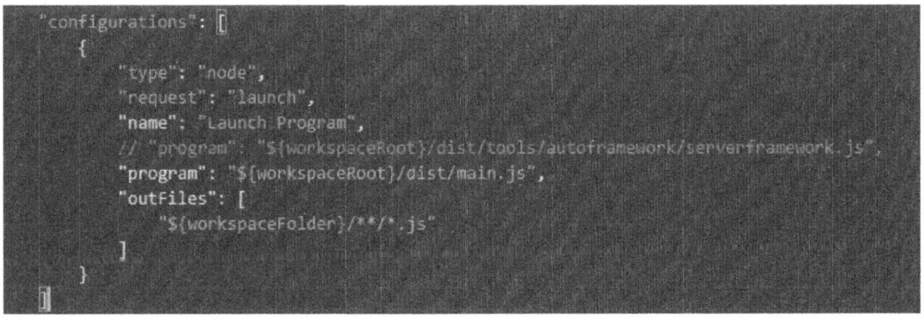

图 8-8

Step 03 按 F5 键，执行程序，在 DEBUG CONSOLE 调试结果窗口，可以看到 server is starting 信息，如图 8-9 所示，表示服务器成功启动。之后，便可以通过消息协议，实现客户端与服务器端的通信。

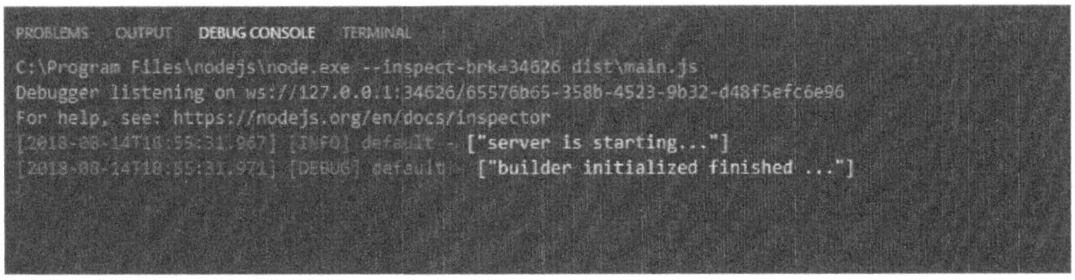

图 8-9

8.2 穿透 TCP 服务与网络壁垒

8.2.1 TCP 服务

◎ TCP 简介

TCP / IP（Transmission Control Protocol/Internet Protocol）是传输控制协议和网络协议的简称，它定义了电子设备如何连入因特网，以及数据如何在它们之间传输的标准。

它不是一个协议，而是一个协议族的统称，里面包括了 IP 协议、ICMP 协议、TCP 协议，以及 http、ftp、pop3 协议等。网络中的计算机都采用这套协议族进行互联。所以，读者只需了解并学会运用即可。

其实是有 3 个不同的协议在这里。首先是 IP（互联网协议），这是传输层数据报传递协议；在 IP 上层是 TCP（传输控制协议）与 UDP（用户数据报协议），TCP 提供一种面向连接的、可靠的字节流服务，UDP 提供数据报在应用程序之间的无连接传输。当提到 TCP / IP 时，并不是在刚刚介绍的 IP 上运行 TCP，但作为一个核心协议，该协议是 IP、TCP 和 UDP 及其他相关应用水平协议组合而成的。

◎ TCP 连接

通过协议，数据可以在两个方向上流动。客户端负责启动连接，它主动请求连接形成。一旦连接形成，两边都可以发送和接受数据，为了使"客户端"能正确连接到服务器上，服务器必须知道地址信息，以便实现监听功能。这个地址有两个不同的部分，第一部分是服务器的 IP 地址；第二部分是特定的"端口号"。

TCP 连接过程需要三次握手才能完成，如图 8-10 所示。

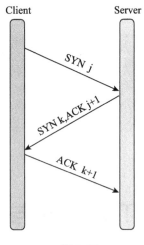

图 8-10

客户端发送 SYN（SEQ=x）报文给服务器端，进入 SYN_SEND 状态。然后，服务器端收到 SYN 报文，回应一个 SYN（SEQ=y）ACK（ACK=x+1）报文，进入 SYN_RECV 状态。接着，客户端收到服务器端的 SYN 报文，回应一个 ACK（ACK=y+1）报文，进入 Established 状态。三次握手完成，TCP 客户端和服务器端成功地建立连接，可以开始传输数据了。

◎ TCP 关闭

建立一个连接需要三次握手,终止一个连接需要四次握手,这是由于 TCP 的半关闭造成的,过程如图 8-11 所示。

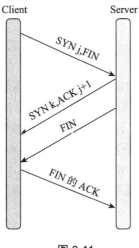

图 8-11

Step 01 某个应用进程先调用 Close,称该端执行 Active Close(主动关闭)。该端的 TCP 于是发送一个 FIN 分节,表示数据发送完毕。

Step 02 接收到这个 FIN 的对端执行 Passive Close(被动关闭),这个 FIN 由 TCP 确认。

> **注意**
>
> FIN 的接收也作为一个 end-of-file(文件结束符)传递给接收端应用进程,放在已排队等候该应用进程接收的任何其他数据之后,因为 FIN 的接收意味着接收端应用进程在相应连接上再无额外数据可接收。

Step 03 一段时间后,接收到这个文件结束符的应用进程将调用 Close 关闭它的套接字。这导致它的 TCP 也发送一个 FIN。

Step 04 接收这个最终 FIN 的原发送端 TCP(即执行主动关闭的那一端)确认这个 FIN。

> **说明**
>
> SYN 表示建立连接。
> ACK 表示响应。
> FIN 表示关闭连接。

在 TCP 关闭过程中提到了 Socket 套接字。在通信过程中,应用程序通常通过"套接字"向网络发出请求或者应答网络请求，下面就先来介绍什么是套接字，然后再来看 TCP 服务器的编程模型。

8.2.2 Socket 套接字

网络上的两个程序通过一个双向的通信连接实现数据的交换，这个连接的一端称为一个 Socket。

建立网络通信连接至少要一对端口号（Socket）。Socket 的本质是编程接口（API），对 TCP/IP 的封装，TCP/IP 也要提供可供程序员做网络开发所用的接口，这就是 Socket 编程接口。Socket 就像是汽车的发动机，提供了网络通信的能力。

根据连接启动的方式以及本地套接字要连接的目标，套接字之间的连接过程可以分为 3 个步骤：服务器监听，客户端请求，连接确认。

- 服务器监听：是指服务器监听过程中并不指定具体的客户端，而是一直处于等待连接的状态。
- 客户端请求：是指由客户端的套接字发出连接请求，连接目标是服务器端的套接字。客户端首先必须描述它要连接的服务器端的套接字信息，指出服务器端套接字的地址和端口号，然后向服务器端套接字提出连接请求。
- 连接确认：是指当服务器端套接字监听到或者说接收到客户端套接字的连接请求时，响应客户端套接字的请求，把服务器端套接字的描述发送给客户端，一旦客户端确认了此描述，连接就建立好了。而服务器端套接字继续处于监听状态，接收其他客户端套接字的连接请求。

8.2.3 TCP 服务网络模型

◎ TCP 服务器建立

对于 TCP 服务器的建立，主要通过以下几步：

Step 01 创建 TCP 套接字。
Step 02 关联本地端口。
Step 03 设置套接字监听模式。
Step 04 接受来自客户端的新连接。
Step 05 接收和发送数据。
Step 06 关闭客户端/服务器连接。
Step 07 返回步骤 4。

◎ TCP 客户端建立

对于 TCP 客户端的建立，主要通过以下几步：

Step01 创建 TCP 套接字。
Step02 连接到 TCP 服务器。
Step03 发送数据/接收数据。
Step04 关闭连接。

◎ 编程模型

编程模型如图 8-12 所示。

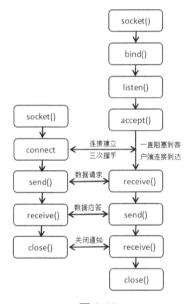

图 8-12

根据编程模型图，来写一个简单的网络通信的例子。

server 部分：

打开本节课工程，创建一个 test 文件夹，在其下方创建一个 server.ts 文件，并编写下列代码。

```
// 引入 TCP 模块
import * as TCP from 'net';

// 创建 TCP 套接字
TCP.createServer((socket: TCP.Socket) => {
    console.debug('onConnect call: a socket connect to me. ${socket}');
```

```
    // 处理异常连接事件
    socket.on("error", (e:Error)=>{
        console.log("socket is error");
    });
    // 处理关闭连接事件
    socket.on("end", ()=>{
        console.log("socket is close");
    });
    // 接收并处理数据事件
    socket.on("data", (data:any)=>{
        console.log(data.toString());
    });
})).listen(49996, "127.0.0.1"); // 设置套接字监听模式
console.log("server is starting");
```

client 部分：

在 test 文件夹下创建一个 client.ts 文件，并编写下列代码。

```
import * as TCP from 'net';

// 建立连接并关联本地端口
let client = TCP.connect({port: 49996, host: "127.0.0.1"}, ()=>{
    // 发送数据
    client.write(" 我来测试下 ");
    // 关闭连接
    client.end();
});
```

在 tsconfig.json 文件的 include 属性中加入 test/*，并在 launch.json 文件中将入口函数指定为 "program": "${workspaceRoot}/dist/test/server.js"，启动服务器（按 F5 键），当显示 server is starting 时，表明服务器已经启动，然后在命令行中运行 Client 文件（node dist/test/client.js），连接结果如图 8-13 所示。

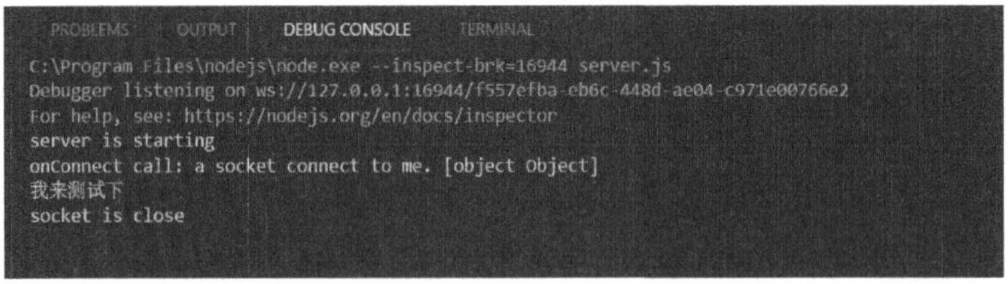

图 8-13

从图 8-13 看到，先是开启服务器，当有客户端连接时，会收到 Socket 连接通知，然后会接收客户端发来的消息。在这里，并没有对传来的消息进行更多的处理，为了让读者看得明白，只是把消息打印出来，在完成了这次连接并把消息发送出去之后，客户端关闭连接，一次完整通信就完成了。

本节只是讲解了最简单的通信原理，在游戏开发中所涉及的服务器框架是很复杂的，但也是基于这里的原理，只是丰富了框架中的细节处理，使服务器更稳定，导致框架就会变得很复杂。

在读者有了对服务器通信的认识之后，下面就来讲述本游戏中的框架内容，而这个框架的通用性相当高，在很多游戏中，都可以拿来用，只需要根据不同的游戏稍稍修改一些细节就可以了。

8.3 解析服务器框架功能

8.3.1 server 模块

◎ ServerBase 服务基类

- 基类的定义

在面向对象设计中，被定义为包含所有实体共性的 class 类型，被称为"基类"。

继承性是面向对象程序设计的一个最重要的概念。继承性允许在构成软件系统的层次结构中利用已经存在的类并扩充它们，以支持新的功能。这使得编程者只需要在新类中定义已经存在的类中所没有的成分来建立新类，从而大大提高了软件的可重用性和可维护性。

对于客观世界中既有共性又有差别的两个类别以上的实体是不可能被抽象成一个 Class 类型来描述的，编程者往往采用继承的方法。首先定义一个包含所有实体共性的 Class 类型作为"基类"，然后，从该基类中继承所有信息，再添加新的信息，来构成新的类。

在构建新类的过程中，新建立的类被称为"子类"或者"派生类"；而被继承的包含相同特征的类则称为"父类"或者"基类"。派生类继承了基类的全部成员，并且可以增加基类所没有的数据成员和成员函数，以满足描述新对象的需求。

在服务基类中，主要实现配置文件读取，服务监听、连接、关闭，消息协议读取的功能，而这些函数都需要在子类或 Builder 类中调用。

- 初始化函数

代码如下所示。

```
public initialize(config: any):void {
    if (config.serverInfo!=undefined) {
        this._host = config.serverInfo.host;// 主机地址
        this._port = config.serverInfo.port;// 端口号
```

```
    }
    if (config.logger) {
        myLogger.initialize(config.logger);
    }
}
```

在初始化函数中,通过参数 config 服务配置文件,读取出主机 IP 地址与端口号。

- **监听函数**

代码如下所示。

```
protected listen(cb:any) {
    // 创建服务
    this._server = TCP.createServer((socket: TCP.Socket) => {
        this.onConnection(socket);// 通过 Socket 套接字,建立连接
    });

    if (this._server) {
        // 检测创建的服务是否有错误。若有,则中断连接进程
        this._server.on(ServerEvent.ERROR, (e:Error)=>{
            myLogger.error('tcp server error: ', e);
            process.exit(1);
        });
        // 开启监听功能
        this._server.listen(this._port, this._host, cb);
        myLogger.log('server is starting...')
    }
}
```

- **释放函数**

代码如下所示。

```
public dispose():void {
    myLogger.info('server will dispose ...')
    if (this._server.listening) {
        this._server.close();
    }
}
```

dispose 函数主要是用来释放资源、关闭连接等。在这里,主要用来处理系统 process.on('SIGINT')后的收尾工作,也就是关闭当前服务。

注:dispose 函数在 builder 中处理,不要手动调用此函数。

- **加载协议文件**

代码如下所示。

```
protected async initProtoBuf(pbFile:string):Promise<ProtoBuf.Root> {
    return await ProtoBuf.load(pbFile);
}
```

js 是单线程语言，要想实现异步操作，需要回调函数来操作，而从 nodejs7.6 开始，已经默认支持 ES7 中的 async/await 了，结合 ES6 中的 promise 对象，避免回调，且以最接近同步代码的方式编写异步代码。在这里，主要用来异步加载协议文件，避免阻塞主线程的执行，并把所有的协议消息读取出来，这个函数在子类 Server 的初始化函数中调用。

◎ ServerBuilder 创建服务类

ServerBuilder 类中的功能也可以写到基类中，为了各部分功能更加独立与清晰，可选择创建一个单独的类，专门实现服务的基本配置读取和初始化。

- **启动服务入口函数**

代码如下所示。

```
private startup(server:ServerBase, config:any, cb:(info:string)=>void) {
    if (!server) {
        return cb('server object has not created!');
    }
    // 创建连接，调用 serverBase
    server.initialize(config.content);

    // 关闭服务与进程
    let exitAction:Function = ()=>{
        server.destroy();
        process.exit(0);
    };

    // 当服务要重启的时候需要处理结束前收尾的事情
    process.on(ProcessEvent.SIGINT, ()=>{
        exitAction();
    });

    // 当服务收到关闭消息的时候需要处理结束前收尾的事情
    process.on(ProcessEvent.MESSAGE, (msg:string)=>{
        if (msg===ProcessMessageCmd.SHUTDOWN) {
            exitAction();
        }
    });
}
```

startup 函数是本服务启动的入口函数，服务的连接与关闭都在这里处理。这个函数在 ServerBuilder 类的构造函数中调用，在工程的 main 函数中创建 ServerBuilder 对象。Processs 退出处理，可以让 Server 在退出的时候进行一些数据保存工作。

- **初始化配置函数**

代码如下所示。

```
private initConfig(name: string) {
    let config = {
        path: '.',
```

```
        content: ''
    };

    // 读取配置文件内容
    let conFile = Utils.readConfig(name);
    if (!conFile) {
        console.log('no config file');
        process.exit(1);
    }
    config.content = conFile;
    return config;
}
```

initConfig 函数主要读取游戏的基本配置信息，包括服务器的 IP 地址与端口号、数据库的用户名与密码信息、日志设置等相关信息。

8.3.2　client 模块

client 客户端模块主要用来处理用户的相关信息，并包括对消息内容的处理。在这里，继承了 EventEmitter 类。EventEmitter 是 event 模块提供的一个对象，用来注册可触发事件。Node.js 中的异步操作都是基于 EventEmitter 来实现的。

◎ **定时检查用户连接函数**

代码如下所示。

```
this._checkActiveIntervalId = setInterval(()=>{
    let now = Date.now();
    if (now - this._lastActive > 1000 * 60 * 10) {
        this.onError('lost heartbeat.');
        this._lostHeartbeat = true;
        } else {
        this.onSchedule();
    }
}, 1000 * 5 * 12);
```

setInterval 是一个计时器，这里把计时器返回的结果赋值给了判断是否为有效用户的变量，在构造函数中实现。这个计时器每分钟检测一次当前时间与用户上次活跃时间差。

◎ **初始化函数**

代码如下所示。

```
public initialize(clientId:number):void {
    this._clientId = clientId;
```

```typescript
// 当服务出错时，输出错误信息
this._socket.on(SocketEvent.ERROR, (e:Error)=>{
    this.onError('error ${e}');
});

// 当服务结束时，结束进程
this._socket.on(SocketEvent.END, ()=>{
    this.onEnd();
});

// 当有数据传来时，处理数据内容
this._socket.on(SocketEvent.DATA, (data:any)=>{
    if (this._buffer) {
        let buf = new buffer.Buffer(this._buffer.length + data.length);
        this._buffer.copy(buf, 0, 0, this._buffer.length);
        data.copy(buf, this._buffer.length, 0, data.length);

        this._buffer = buf;
    } else {
        this._buffer = data;
    }

    const MAX_MSG_LEN = 1024 * 1024;
    while (this._buffer && this._buffer.length >= 8) {
        let len = <number>this._buffer.readInt32LE(0);
        if (len > MAX_MSG_LEN || len < 0) {
            // error handle
            this._buffer = null;
            this.onError('invalid msg length: ${len}');
            break;
        }

        if (len > this._buffer.length){
            break;
        }

        let msgType = <number>this._buffer.readInt32LE(4);

        let body = null;
        if (len > 0) {
            body = new buffer.Buffer(len-8);
            this._buffer.copy(body, 0, 8, len);
        }

        this.onMessage(<Message>{length:len, msgtype : msgType, msg : body});

        if (this._buffer.length > len) {
            this._buffer = this._buffer.slice(len);
        } else {
            this._buffer = null;
```

```
            }
        }
    });
}
```

initialize 函数主要是处理消息数据，根据数据的长度，首先判别出是否为有用信息，对于不能识别的消息不做任何处理，然后针对有用信息，获取消息类型与内容。

8.3.3　MySQL 模块

MySQL 数据库模块主要用来处理与服务器、用户信息以及游戏信息相关的数据库文件。

◎ **数据连接**

这里主要用来处理客户端与服务器连接的相关数据。

- **初始化函数**

代码如下所示。

```
private initialize(config:DBConfig): boolean {
    this._config = config;
    if (this._config.database==undefined) {
        myLogger.log('no config parse to json right.');
        return false;
    }

    if (!this._config.host) {
        this._config.host = '127.0.0.1';
    }

    if (!this._config.port) {
        this._config.port = 3306;
    }

    if (!this._config.connectionLimit) {
        this._config.connectionLimit = 10;
    }

    this._mysqlPool = Mysql.createPool(this._config);
    return true;
}
```

initialize 函数主要是读取数据库配置文件。

- **查询请求函数**

代码如下所示。

```
public query(querystr: string, queryparams:any) {
```

```
    // 返回一个 Promise
    return new Promise((resolve, reject)=>{
        this._mysqlPool.getConnection((err:Error, connection:any)=>{
            if (err) {
                reject(err);
            } else {
                connection.query(querystr, queryparams, (err:Error,
                rows: any)=>{
                    connection.release();
                    if (err) {
                        reject(err);
                    } else {
                        resolve(rows);
                    }
                });
            }
        });
    });
}
```

query 函数的功能是发送唯一查询请求（不支持多个查询）到当前活动的和连接识别关联的数据库服务器。

◎ 创建数据

主要用来处理用户信息以及与游戏相关的信息的具体文件和数据的添加、设置、更新等操作。提前做这些操作主要是为了在处理协议时读取数据和读取或更改用户信息时使用得更为方便。

- **新建数据库**

代码如下所示。

```
newBuilder(db:string, table:string) {
    this._db = db;
    this._table = table;
    this._fields = {};
    this._condition = undefined;
}
```

- **添加文件**

代码如下所示。

```
addField(key:string, value:any) {
    this._fields[key] = value;
}
```

把数据文件的值和文件名一一对应存储到数据集合中。

- 设置条件

代码如下所示。

```
setCondition(condition:string) {
    this._condition = condition;
}
```

当更改与用户游戏相关数据时,首先需要知道是哪个用户,所以通过这个函数设置限制条件,当条件满足时便可以进行后续操作。

- 更新数据

代码如下所示。

```
toUpdateSQLString(): string {
    let fn: Function = () => {
        let subSQL: string = '';
        let fieldNames = Object.keys(this._fields);
        for (let name of fieldNames) {
            if (subSQL !== '') {
                subSQL += ',';
            }
            let dataType = typeof this._fields[name];
            if (dataType === 'string') {
                subSQL = `${subSQL}${name}='${this._fields[name]}'`;
            } else if (dataType === 'number') {
                subSQL = `${subSQL}${name}=${this._fields[name]}`;
            } else {
                myLogger.error(' 不认识的数据类型在数据库的字段中 ${dataType},${name}:${this._fields[name]}');
                throw new TypeError("Unsupported type!");
            }
        }
        return subSQL;
    };
    let MySQL = '';
    try {
        MySQL = `update ${this._db}.${this._table} set ${fn()}`;
        if (this._condition) {
            MySQL = `${MySQL} where ${this._condition}`;
        } else {
            myLogger.warn('no condition, please check you are right!!!
                ${MySQL}')
        }
    } catch (e) {
        MySQL = '';
    }
    return MySQL;
}
```

- 插入数据

代码如下所示。

```
toInsertSQLString(): string {
    let fn: Function = () => {
        let subFields: string = '';
        let subValues: string = '';

        let fieldNames = Object.keys(this._fields);
        for (let name of fieldNames) {
            if (subFields === '') {
                subFields = '(${name}';
                subValues = '(${this._fields[name]}';
                continue;
            }

            subFields = '${subFields}, ${name}';
            let dataType = typeof this._fields[name];
            if (dataType === 'string') {
                subValues = '${subValues}, '${this._fields[name]}'';
            } else if (dataType === 'number') {
                subValues = '${subValues}, ${this._fields[name]}';
            } else {
                myLogger.error(' 不认识的数据类型在数据库的字段中 ${dataType},
${name}:${this._fields[name]}');
                throw new TypeError("Unsupported type!");
            }
        }
        return '${subFields}) values${subValues})';
    };

    let MySQL = '';
    try {
        MySQL = 'insert into ${this._db}.${this._table}${fn()}';
    } catch (e) {
        MySQL = '';
    }
    return MySQL;
}
```

8.3.4 logger 模块

logger 日志模块主要用来实现在服务器运行过程中查找错误与统计信息的功能。本项目中的 log 是基于 log4js 2.x 的封装，Log4js 是 Node.js 中一个成熟记录日志的第三方模块。日志大体上可以分为访问日志和应用日志。访问日志一般记录客户端对项目的访问，主要是 http 请求。这些数据属于运营数据，也可以反过来帮助改进和提升网站的性能和用户体验；应用日志是项目中需要特殊标记和记录的位置打印的日志，包括出现异常的情况，方便开发人员查询项目的运行状态和定位 bug。应用日志包含了 debug、info、warn 和 error 等级别的日志。

要想实现这一功能，需要先安装 log4js 模块，可通过命令 npm install log4js-save 进行安装。

◎ **初始化 console**

代码如下所示。

```
initConsole() {
    let config:Configuration = {
        // 控制台输出
        appenders: {
            out: {
                type: 'console' //配置文件的输出源
            }
        },
        // 对 log 信息进行分类筛选
        categories: {
            default: {
                appenders: ['out'],
                level: 'all' //配置日志的输出级别
            }
        }
    };
    log4js.configure(config);
    this.mainLogger = log4js.getLogger();
    this.inited = true;
}
```

> **说明**
>
> （1）configure 方法为配置 log4js 对象，内部有 levels、appenders、categories 三个属性。
>
> （2）levels：配置日志的输出级别为 ALL<TRACE<DEBUG<INFO<WARN<ERROR<FATAL<MARK<OFF 八个级别，default level is OFF 只有大于等于日志配置级别的信息才能被输出，可以通过 category 来有效地控制日志输出级别。
>
> （3）appenders：配置文件的输出源，一般日志的输出类型有 console、file、dateFile 三种。
> 　　console：普通的控制台输出。
> 　　file：输出到文件内，以文件名—文件大小—备份文件个数的形式 rolling 生成文件。
> 　　dateFile：输出到文件内，以 pattern 属性的时间格式生成文件。
>
> （4）categories：default 表示 log4js.getLogger() 获取在找不到对应的 category 时，使用 default 中的日志配置增加 initConsole 模式，主要是为了在没有配置的情况下，也可以用 myLogger 输出日志。

◎ **重写调试函数**

下面的代码是对调试函数的重写，方便用户直接通过当前类获取到这些调试函数，使用更加便捷、直观。

```
public warn(...args:any[]):void {
    if (!this.mainLogger.isWarnEnabled()) {
        return;
    }
    this.mainLogger.warn(this.writelog(args));
}

public trace(...args:any[]):void {
    if (!this.mainLogger.isTraceEnabled()) {
        return;
    }
    this.mainLogger.trace(this.writelog(args));
}

public log(...args:any[]):void {
    this.info(...args);
}

public fatal(...args:any[]):void {
    if (!this.mainLogger.isFatalEnabled()) {
        return;
    }
    this.mainLogger.fatal(this.writelog(args));
}

public error(...args:any[]):void {
    if (!this.mainLogger.isErrorEnabled()) {
        return;
    }
    this.mainLogger.error(this.writelog(args));
}

public info(...args:any[]):void {
    if (!this.mainLogger.isInfoEnabled()) {
        return;
    }
    this.mainLogger.info(this.writelog(args));
}

public debug(...args:any[]):void {
    if (!this.mainLogger.isDebugEnabled()) {
        return;
    }
    this.mainLogger.debug(this.writelog(args));
}
private writelog(...args: any[]):string {
    if (!this.inited) {
        console.log('error: ', 'logger is not inited');
    }
```

```
        let str:string = '';

        for (let i = 0; i < args.length; i ++) {
            let arg:any = args[i];
            if (i > 0) {
                str += ' ';
                if (typeof arg == 'object') {
                    str += JSON.stringify(arg);
                } else {
                    str += arg;
                }
            } else {
                if (typeof arg == 'object') {
                    str = JSON.stringify(arg);
                } else {
                    str = arg;
                }
            }
        }

        return str;
}
```

8.3.5　const 模块

const 常量模块主要是用来定义有关服务器所有的字符串关键字，并通过枚举结构进行定义。

代码如下所示。

```
// 通信事件
enum SocketEvent {
    DATA = 'data',
    ERROR = 'error',
    MSG = 'msg',
    END = 'end'
};

// 服务事件
enum ServerEvent {
    ERROR = 'error'
}

// 客户端事件
enum ClientEvent {
    DATA = 'data',
    ERROR = 'error',
    MSG = 'msg',
    END = 'end',
```

```
    SCHEDULE = 'schedule'
};

// 服务配置列表
enum GameClientConfigSection {
    SERVERLIST = 'serverlist',
    GATESERVERLIST = 'gateserverlist'
};

// 进程事件
enum ProcessEvent {
    SIGINT = 'SIGINT',
    MESSAGE = 'message'
};

// 进程消息
enum ProcessMessageCmd {
    SHUTDOWN = 'shutdown'
}
```

8.3.6 utils 模块

utils 工具模块主要是用来处理项目中通用的一些功能，例如读取配置文件、用户登录验证、xml 文件编码转化与读取等。下面举例读取配置文件与颠倒 map 的键值的具体实现。

◎ **读取配置文件**

代码如下所示。

```
public static readConfig(name: string):any {
    // 通过文件流方法读取文件
    let conFile = FileSystem.readFileSync('./conf/${name}.conf', 'utf8');
    if (conFile == null) {
        return null;
    }
    return JSON.parse(conFile);    // 把配置文件转化为 JSON 文件
}
```

◎ **颠倒 map 的键值**

代码如下所示。

```
public static reverseMap(mapData:Map<any,any>) {
    let reverseData = new Map<any,any>();
```

```
mapData.forEach((value, key)=>{
    reverseData.set(value, key);
}, this);
return reverseData;
}
```

8.3.7 action 模块

action 模块主要是为了后面通过 pm2 启动服务的时候，可以通过传输命令交互输出服务内部信息。

代码如下所示。

```
public addAction(event:string, action:Function)
{
    PMX.action(event, (params:any, reply:Function)=>{
        action(params, reply);
    });
}
```

> **小提示**
>
> 在生成服务器时，通过向 http 服务请求下载所需文件，为此设计了一个简单的 Web 服务器。有对 Http 协议或 Web 服务感兴趣的读者，可通过链接 http://books.insideria.cn/101/26 学习此课程。课程包含 KOA 与 Express 框架、Niginx 代理、Cluster 集群、数据的收发（包括 Json 数据、xml 数据、表单数据、二进制数据）等知识。

本章任务

- 生成 Thanos 服务器框架。
- 实现简单的网络通信实例。
- 了解基类的作用。
- 学习服务器端与客户端的连接。
- 学习数据库的增删改查功能。
- 实现服务器运行中的查错功能。

在任务过程中，如遇到问题，请读者参考视频教程（http://www.insideria.cn/course/608/tasks）或者在开发论坛中（http://www.insideria.cn/group/5）沟通交流。

第 9 章

Thanos 服务器框架说明

本章内容

介绍 Thanos 服务器框架的原理与核心概念，及此基础上的 TypeScript 常用语法与命令，使读者学会使用 Thanos 服务器框架搭建一个属于自己的游戏服务器。

知识要点

- ❏ 框架中涉及的 TypeScript 常见语法。
- ❏ 使用 async 与 await 语法。
- ❏ 游戏服务器端功能实现。

9.1 核心概念

9.1.1 Thanos 服务框架

Thanos 服务框架是一款实时的 Socket 服务器开发框架，采用 Node.js 编写。服务器端架构在 Linux 系统平台上，可以通过 ProtoBuf 协议收发来自 Unity 客户端的消息请求，并且提供了 MySQL 数据库的存储维护的所有 API 等。

9.1.2 实时数据通信

Thanos 服务框架的 Connection 方法提供了游戏客户端与游戏服务器的双向的通信连接机制，实现多端实时数据的通信。数据采用 TCP/IP 协议进行通信，形成虚拟数据传输链路，保证通信数据的安全稳定。

9.1.3 消息处理机制

Thanos 服务框架提供了完善的数据接收处理机制，当游戏服务器端接收到客户端发送的消息请求时，统一由框架中提供的 OnReciveMessage 方法进行分发与处理。

OnReceiveMessage 方法消息处理流程如下：

（1）根目录 Main.ts 中调用入口函数 Main.main。
（2）Main 函数中创建 ServerBuilder 对象。
（3）创建 ServerBase 子类实例。
（4）调用 Builder 的 startUp 函数，把上一步创建的 ServerBase 子类对象作为参数传入。
（5）初始化 conf/hok.conf 配置文件为 json 对象。
（6）调用 ServerBase 子类 initialize 函数，读取服务器地址和端口，根据配置文件初始化数据库相关模块，根据配置初始化 ProtoBuf 协议相关模块。
（7）启动 Listen，服务器开始等待连接。

9.2 TypeScript 常用语法

在介绍服务器框架前，首先对框架中用到的 TypeScript 深层语法简单介绍，主要

第 9 章
Thanos 服务器框架说明

涉及以下几个要点：Export/Import，Map，Async/Await。

9.2.1　Export 与 Import

从 ECMAScript 2015 开始，JavaScript 引入了模块的概念。TypeScript 也沿用这个概念。模块在其自身的作用域里执行，而不是在全局作用域里。这意味着定义在一个模块里的变量、函数、类等在模块外部是不可见的。要想在外部模块使用本模块里的变量、函数、类，需要先使用 Export 关键字导出整个类或类中的变量与函数，在使用的时候以 Import 形式导入，这样就可以在外部进行调用了。

服务器基础模块 ServerBase 需要在派生类中进行引用，先导出，在声明 ServerBase class 的时候在前面增加表示 eport 进行导出。代码如下所示。

```
export abstract class ServerBase {}
```

框架中类 HOKServer 是 ServerBase 的子类，声明前要先导入基类模块，代码如下所示。

```
import {ServerBase} from '../common/serverbase';
class HOKServer extends ServerBase {
```

9.2.2　Map

◎ Map 简介

Map 是一个关联容器，它提供一对一（其中第一个可以称为关键字，每个关键字只能在 Map 中出现一次，第二个可以称为该关键字的值）的数据处理能力，在编程上提供快速通道。Map 对象就是简单的键值对映射，其中的键和值可以是任意类型。

◎ Map 使用

- Map 属性介绍

代码如下所示。

```
let map = new Map([[1, 'one'],[2, 'two'], [3, 'three']]);
```

❑　Map.clear() 移除 Map 对象的所有键值对。代码如下所示。

```
console.log(map.size);      //3
map.clear();
console.log(map.size);      //0
```

- Map.delete(key) 移除任何与键相关联的值，并且返回该值，该值在之前会被 Map.has(key) 返回为 true。之后再调用则返回 false。代码如下所示。

```
console.log(map.has(1));      //true
map.delete(1);
console.log(map.has(1));      //false
```

- Map.get(key) 返回键对应的值，如果不存在，则返回 undefined。代码如下所示。

```
map.get(1); //'one'
```

- Map.has(key) 返回一个布尔值，表示 Map 实例是否包含键对应的值。代码如下所示。

```
map.has(1); // true
map.has(5); //false
```

- Map.keys() 返回一个新的 Iterator 对象，它按插入顺序包含了 Map 对象中每个元素的键。代码如下所示。

```
map.keys();    //MapIterator {1, 2, 3}
```

- Map.set(key, value) 设置 Map 对象中键的值，返回该 Map 对象。代码如下所示。

```
console.log(map.has(4));     //false
map.set(4, 'four');
console.log(map.has(4))      //true
```

- Map.values() 返回一个新的 Iterator 对象，它按插入顺序包含了 Map 对象中每个元素的值。

- for...of 迭代方法

代码如下所示。

```
let map = new Map();
map.set(1, 'one');
map.set(2, 'two');
for (let [key, value] of map.entries()) {
    console.log(key + '---' + value);
}
// 1 --- one 2 --- two

for (var key of map.keys()) {
    console.log(key);
}
// 1 2

for (var value of map.values()) {
```

```
        console.log(value);
}
// 'one' 'two'
```

9.2.3　async 与 await

async/await 是 ES7 最重要特性之一，它是目前为止 JS 最佳的异步解决方案，已经在 TypeScript、Babel、Node 7.6+ 等环境中得到支持，使用 async/await 不仅能大大简化代码，还能降低逻辑思路的复杂度。

◎ async 与 await 的优点

- 之前需要很多函数组成的功能，现在只需要一个函数。从视觉上就能感觉到复杂度降低了，之前需要 2n 个大括号的代码，现在只需要两个足矣。
- 语法后面不用再加 then 链式回调函数。对于大多数人来说，Promise 和函数式编程有个巨大的转变就是链式回调函数。
- try/catch 使 async 语法的异常捕获更加好用。

◎ async 与 await 的用法

async 作为一个关键字放到函数前面，用于表示函数是一个异步函数，因为 async 就是异步的意思，异步函数也就意味着该函数的执行不会阻塞后面代码的执行。写一个 async 函数，代码如下所示。

```
async function timeout() {
    return 'hello world';
}
```

语法很简单，就是在函数前面加上 async 关键字，来表示它是异步的。如何调用？async 函数也是函数，平时怎么使用函数就怎么使用它，直接加括号调用就可以了，为了表示它没有阻塞后面代码的执行，可以在 async 函数调用之后加一句"虽然在后面，但是我先执行"。代码如下所示。

```
console.log;
async function timeout() {
        return 'hello world'
    }
    timeout();
    console.log('虽然在后面，但是我先执行');
```

打开控制台,可以看到如图 9-1 所示信息。

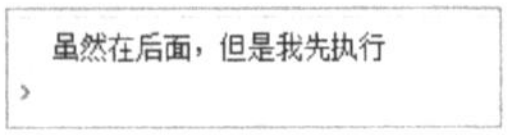

```
虽然在后面,但是我先执行
>
```

图 9-1

async 函数 timeout() 调用了,但是没有任何输出。先不要着急,看一看 timeout() 执行返回了什么?把上面的 timeout() 语句改为 console.log(timeout())。代码如下所示。

```
async function timeout() {
    return 'hello world'
}
console.log(timeout());
console.log('虽然在后面,但是我先执行');
```

继续看控制台,如图 9-2 所示。

```
▶ Promise {<resolved>: "hello world"}
  虽然在后面,但是我先执行
```

图 9-2

原来 async 函数返回的是一个 Promise 对象,如果要获取 Promise 返回值,应该用 then 方法,修改代码如下:

```
async function timeout() {
    return 'hello world'
}
timeout().then(result => {
    console.log(result);
})
console.log('虽然在后面,但是我先执行');
```

看控制台,如图 9-3 所示。

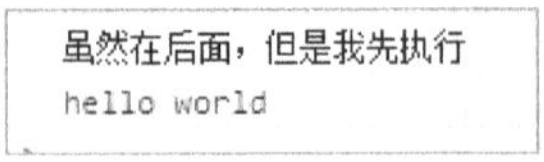

```
虽然在后面,但是我先执行
hello world
```

图 9-3

获取到了 hello world,同时 timeout() 的执行也没有阻塞后面代码的执行。这时,读者可能注意到控制台中的 Promise 有一个 resolved,这是 async 函数内部的实现原理。如果 async 函数中有一个返回值,在调用该函数时,内部会调用 Promise.solve() 方法把它转化成一个 Promise 对象返回,但如果 timeout 函数内部抛出错误呢?那就会调用 Promise.reject() 返回一个 Promise 对象,这时修改一下 timeout() 函数,代码如下所示。

```
async function timeout(flag) {
    if (flag) {
    return 'hello world'
    } else {
    throw 'my god, failure'
    }
}
console.log(timeout(true))    // 调用 Promise.resolve() 返回 Promise 对象
console.log(timeout(false));  // 调用 Promise.reject() 返回 Promise 对象
```

控制台如图 9-4 所示。

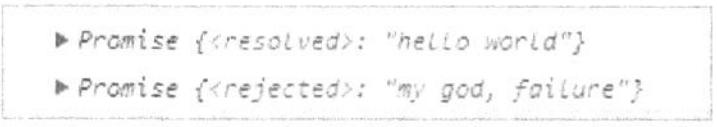

```
▶ Promise {<resolved>: "hello world"}
▶ Promise {<rejected>: "my god, failure"}
```

图 9-4

如果函数内部抛出错误，Promise 对象有一个 catch 方法进行捕获。代码如下所示。

```
timeout(false).catch(err => {
    console.log(err)
})
```

初学者对于 async 关键字掌握这么多就可以了。接下来考虑 await 关键字。await 是等待的意思，那么它等待什么呢，它后面跟的又是什么？其实它后面可以放任何表达式，不过用户更多的是放一个返回 Promise 对象的表达式。注意 await 关键字只能放到 async 函数里面。

写一个函数，让它返回 Promise 对象，该函数的作用是 2 秒之后让数值乘以 2。代码如下所示。

```
// 2s 之后返回双倍的值
function doubleAfter2seconds(num) {
    return new Promise((resolve, reject) => {
    setTimeout(() => {
        resolve(2 * num)
        }, 2000);
    })
}
```

再写一个 async 函数，可以使用 await 关键字，await 后面放置的就是返回 Promise 对象的一个表达式，所以它后面可以写上 doubleAfter2seconds() 函数的调用。代码如下所示。

```
async function testResult() {
    let result = await doubleAfter2seconds(30);
    console.log(result);
}
```

现在调用 testResult 函数。代码如下所示。

```
testResult();
```

打开控制台，2 秒之后，输出了 60。

现在来看看代码的执行过程：调用 testResult() 函数，遇到了 await，await 表示等一下，代码就暂停到这里，不再向下执行了，它等什么呢？等后面的 Promise 对象执行完毕，然后拿到 promise resolve 的值并进行返回，返回值拿到之后，它继续向下执行。遇到 await 之后，代码就暂停执行了，等待 doubleAfter2seconds(30) 执行完毕，doubleAfter2seconds(30) 返回的 promise 开始执行，2 秒之后，promise resolve 了，并返回了值为 60，这时 await 才拿到返回值 60，然后赋值给 result，暂停结束，代码开始继续执行，执行 console.log 语句。

就这一个函数，可能看不出 async/await 的作用，但如果要计算 3 个数的值，然后把得到的值进行输出呢？看下面的代码。

```
async function testResult() {
    let first = await doubleAfter2seconds(30);
    let second = await doubleAfter2seconds(50);
    let third = await doubleAfter2seconds(30);
    console.log(first + second + third);
}
```

6 秒后，控制台输出 220，可以看到，写异步代码就像写同步代码一样了，再也没有回调余地了。

9.3 服务器端功能实现

上面提到了服务器端是整个服务器的核心，其他功能要想实现都得与它进行交互，src\common\serverbase.ts 文件中实现了一个抽象的服务器基础模块 ServerBase 和抽象客户端模块 ClientBase。

ServerBase 模块内容包含如下。

constructor 函数：代码如下所示。

```
export class HOKServer extends ServerBase {
    private _socketClientMap:Map<TCP.Socket, HOKClient>;
    private _idClientMap:Map<number, HOKClient>;
```

initialize 函数：从 hok.conf 配置文件中读取服务器绑定的 IP 和端口。代码如下所示。

```
public initialize(serverConfig: any):void {
    if (serverConfig.serverInfo!=undefined) {
        this._host = serverConfig.serverInfo.host;
        this._port = serverConfig.serverInfo.port;
    }
    if (serverConfig.logger) {
        myLogger.initialize(serverConfig.logger);
    }
}
```

listen 函数：创建 TCP 服务器，对指定的主机和对应的端口进行监听。代码如下所示。

```
protected listen(cb:any) {
    this._server = TCP.createServer((socket: TCP.Socket) => {
        this.onConnection(socket);
    });

    if (this._server) {
        this._server.on(ServerEvent.ERROR, (e:Error)=>{
            myLogger.error('tcp server error: ', e);
            process.exit(1);
        });

        this._server.listen(this._port, this._host, cb);
        myLogger.log('server is starting...')
    }
}
```

onConnection 函数：这是一个纯虚函数，ServerBase 模块没有具体的实现，派生类中实现具体的功能。代码如下所示。

```
protected abstract onConnection(socket:TCP.Socket): void;
```

ClientBase 模块内容包含如下。

constructor 函数：初始化变量设置，创建一个定时器，用户每分钟监测当前连接活动状态，是否有消息收发过，实现心跳的功能。代码如下所示。

```
this._checkActiveIntervalId = setInterval(()=>{
    let now = Date.now();
    if (now - this._lastActive > 1000 * 60 * 10) {
        this.onError('lost heartbeat.');
        this._lostHeartbeat = true;
    } else {
        this.onSchedule();
```

```
    }
}, 1000 * 5 * 12);
```

initialize 函数：设置当前客户端关联对象的序号，初始化当前连接相关的处理，包括出错、对方关闭连接以及收到数据的处理。代码如下所示。

```
public initialize(clientId:number):void {
    this._clientId = clientId;
    this._socket.on(SocketEvent.ERROR, (e:Error)=>{
        this.onError('error ${e}');
    });
    this._socket.on(SocketEvent.END, ()=>{
        this.onEnd();
    });
    this._socket.on(SocketEvent.DATA, (data:any)=>{
```

close 函数：连接被关闭，清理连接对象，关闭定时器。代码如下所示。

```
public close():void {
    this._socket.destroy();
    clearInterval(this._checkActiveIntervalId);
}
```

在任务实施过程中，如遇到问题，请读者参考视频教程（http://www.insideria.cn/course/608/tasks）或者在开发论坛中（http://www.insideria.cn/group/5）沟通交流。

第10章

实现服务器的连接

本章内容

服务器主要是供用户连接，处理用户的相关信息。要想实现这样的功能，需要获取到连接服务器的用户以及对用户发送到服务器上的信息进行处理，这也就是客户端模块中要实现的功能。具体来说，需要处理用户的ID、战斗状态、消息的发送以及通信状态。

知识要点

- 消息编码与发送。
- 事件触发器。

10.1　发送消息

在 Clientbase 基类中，已经有了完整的发送消息处理功能。在这里，把消息内容编码成消息头（长度和类型）以及内容体的格式。消息头包含 32 位（4 个字节）的整数长度，32 位（4 字节）的消息类型以及消息体的总字节数之和。这是与客户端规定好的通信格式。在发送给对应客户端消息时调用此函数，处理协议中的消息。代码如下所示。

```
public send(message: Message):any {
    // 设置活跃时间
    super.send(message);
    // 开辟一块消息内容长度 +4 ( 消息长度 ) +4 ( 消息类型长度 ) 的空间，使用 alloc() 会对分
    配的空间进行填充，保证新分配的空间不会含有以前的数据
    let buf = Buffer.alloc(message.length +4+4);
    // 写入缓冲区的长度
    buf.writeInt32LE(message.length+4+4, 0);
    // 从第 4 个位置开始写入消息类型
    buf.writeInt32LE(message.msgtype, 4);
    // 从第 8 个位置开始向缓冲区复制消息体
    message.msg.copy(buf, 8, 0, message.length);
    // 发送数据
    this._socket.write(buf);
}
```

10.2　事件触发器

node 中所有的异步 I/O 操作在完成时都会发送事件到消息队列，产生事件的对象是 events.EventEmitter 的实例。EventEmitter 的核心就是事件触发与事件监听器功能的封装。可以在 TypeScript 的脚本中通过代码 import { EventEmitter } from 'events'; 直接引用。

通过以下例子介绍 EventEmitter 的使用。

ClientBase 类是对收到连接后的 net.TcpSocket 的封装，也是 EventEmitter 的子类，所以在代码中可以直接调用 EventEmitter 的对应方法。

```
class ClientBase extends EventEmitter {
...
}
```

在 Socket 通信中，客户端所处的状态一般可分为 4 种，一是出现错误状态，二是定时通信状态，三是收发消息状态，四是结束通信状态。下面的代码就是对这 4 种状态的实现过程。在这里使用了 emit() 方法，它与 on() 是有区别的，on(' 事件名 ', function(){})，相当于 bind 连接事件，但是不会触发；emit(' 事件名 ')，相当于触发事件。代码如下所示。

```
// 出现错误处理
protected onError(error:string):void {
    this.emit(ClientEvent.ERROR, error);
}
// 定时通信处理
protected onSchedule():void {
    this.emit(ClientEvent.SCHEDULE);
}
// 收发消息处理
protected onMessage(message: Message):void {
    this.setActive();
    this.emit(ClientEvent.MSG, message);
}
// 结束通信处理
protected onEnd():void {
    this.emit(ClientEvent.END);
}
```

在任务过程中，如遇到问题，请读者参考视频教程（http://www.insideria.cn/course/608/tasks）或者在开发论坛中（http://www.insideria.cn/group/5）沟通交流。

第11章

MySQL 数据库在游戏中的应用

本章内容

本章主要介绍 MySQL 数据库的基本功能与概念,以及在网络游戏中如何设计与使用数据库的方法与技巧。通过本章的学习,读者要理解并掌握数据库的设计与应用技巧,为大型网络游戏同构型分布式数据库系统与异构型分布式数据库系统的设计打下坚实的应用理论基础。

知识要点

- ❏ 数据库服务的基本介绍。
- ❏ MySQL 环境的安装和配置。
- ❏ MySQL 数据库基本命令。
- ❏ SQL 结构化查询语言简单用法。
- ❏ 游戏数据表结构的设计。
- ❏ 用脚本创建库和表。
- ❏ 框架对数据库的支持。

11.1 体验 MySQL 数据库

11.1.1 MySQL 数据库发展史

数据库是数据的结构化集合,从简单的购物清单到画展,或企业网络中的海量信息。要想将数据添加到数据库,或访问、处理数据库中保存的数据,需要使用数据库管理系统。游戏中的个人信息、游戏中产生的数据要存储在数据库中。MySQL 是一个小型关系型数据库管理系统,由于其体积小、速度快、总体拥有成本低、开放源码、可靠性和适应性等而备受关注。本书的游戏使用 MySQL 作为游戏存储的数据库。

MySQL 是一种开放源代码的关系型数据库管理系统(RDBMS),由瑞典 MySQL AB 公司开发,目前属于 Oracle 旗下产品。MySQL 是当下流行的关系型数据库管理系统之一。

MySQL 是将数据保存在不同的表中,而不是将所有数据放在一个大仓库内,这样就提高了速度和灵活性。

MySQL 所使用的 SQL 语言是用于访问数据库的最常用标准化语言。

11.1.2 MySQL 的下载

MySQL 官网地址:https://dev.mysql.com/downloads/mysql/。

下载时,在选择操作系统(Select Operating System)下拉列表框中,选中适合自己的操作系统版本。如图 11-1 所示。

图 11-1

11.1.3 MySQL 的安装

解压之后,将 MySQL 安装到任意盘符里。其操作步骤如下。

Step 01 在 Windows 操作系统中,通常会安装到 D 盘。以管理员身份运行命令提示符。进入 MySQL 的 bin 文件夹下。如图 11-2 所示。

图 11-2

如果是 Mac 操作系统,先在官网下载所需要的版本。如图 11-3 所示。

图 11-3

Step 02 下载 Folder,双击打开 mysql 8.0.12-macos10.13-x86_64.dmg 文件,双击运行 .pkg 安装包。根据提示完成安装。

Step 03 在 mysql-8.0.12-winx64 的文件夹下创建一个名为 data 的文件夹。

Step 04 在 bin 目录下创建一个 my.ini 的文本文件。代码如下所示。

```
[mysql]
# 设置 MySQL 客户端默认字符集
default-character-set=utf8
[mysql]
# 设置 3306 端口
port = 3306
```

```
# 设置MySQL的安装目录
basedir=D:/mysql-8.0.12-winx64
# 设置MySQL数据库的数据的存放目录
datadir=D:/mysql-8.0.12-winx64/data
# 允许最大连接数
max_connections=200
# 服务器端使用的字符集默认为8比特编码的latin1字符集
character-set-server=utf8
# 创建新表时将使用的默认存储引擎
default-storage-engine=INNODB
```

basedir 的路径是安装 MySQL 的路径，datadir 就是刚创建的 data 目录路径。

Step 01 在命令提示符窗口输入 mysqld.exe--initialize-insecure。如图 11-4 所示。

图 11-4

Step 02 输入 mysqld.exe-install，下面会输出 Service successfully installed。如图 11-5 所示。

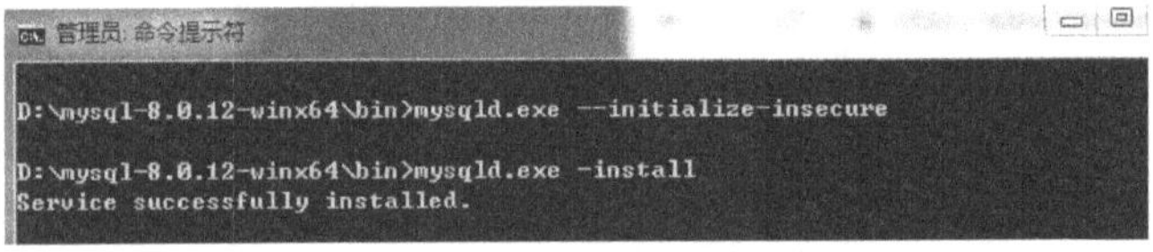

图 11-5

Step 03 输入 net start mysql，启动 MySQL 服务，如图 11-6 所示。

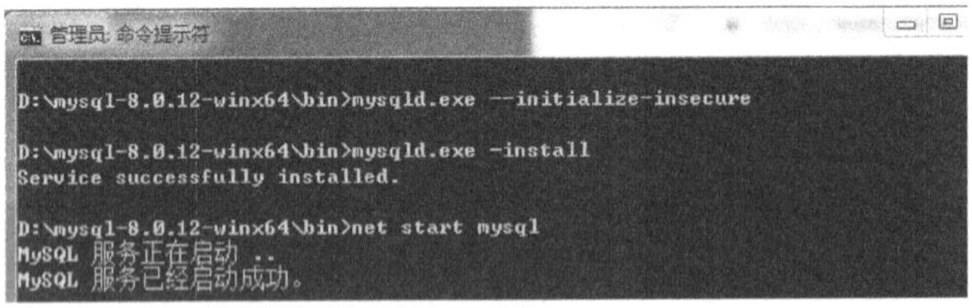

图 11-6

Step 04 此时 MySQL 没有密码，需要进行设置密码。输入 mysqladmin -uroot password mysql，如图 11-7 所示。

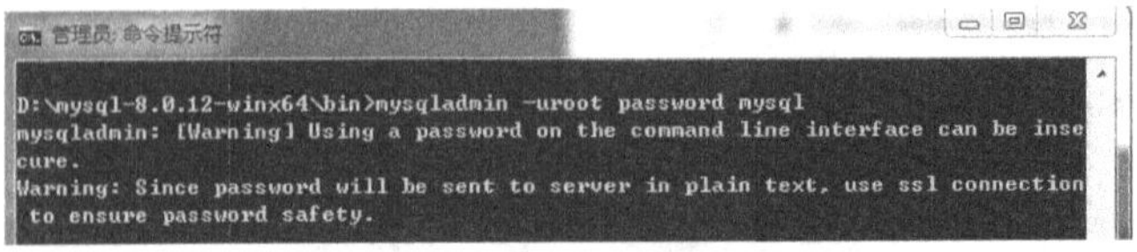

图 11-7

第 11 章
MySQL 数据库在游戏中的应用

输入 mysql -uroot -p，提示输入刚才的修改的密码，就可以进入 MySQL 了。如图 11-8 所示。

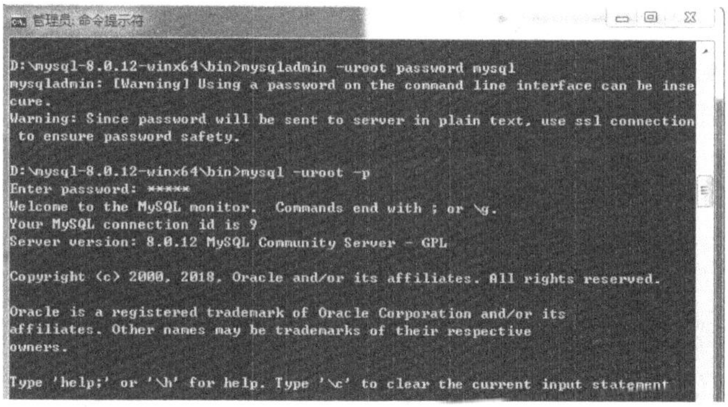

图 11-8

Step 05 看一下 MySQL 里初始的表有哪些，输入 show databases;（分号作为 MySQL 命令的结束标识，不能少）。

Step 06 创建数据库，通过内置命令 CREATE DATABASE name 来实现。name 是要创建的数据库名。代码如下所示。

```
mysql> CREATE DATABASE fball_accountdb;
```

Step 07 选择数据库，USE name，后续命令行所有相关操作都和这个数据库有关。如图 11-9 所示。代码如下所示。

```
mysql> USE fball_accountdb;
```

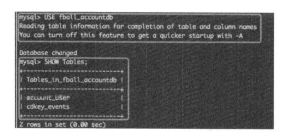

图 11-9

Step 08 查看数据库中的表，代码如下所示。

```
mysql> SHOW TABLES;
```

Step 09 创建数据库表，代码如下所示。

```
mysql> CREATE TABLE mytable(字段名1 字段类型,字段名2 字段类型,字段名3 字段类型);
```

注意

（1）创建一个数据表时，它的每个字段之间用逗号（,）隔开。

（2）最后一个字段不用逗号（,）。

（3）创建完表以后，最后的括号后面使用分号结束。

（4）建表时，表名后面的括号中写表的字段名（字段类型）。

Step 10 显示表的结构：DESC name。name 是数据库表的名字。如图 11-10 所示。

```
mysql> desc account_user;
+-----------+------------------+------+-----+---------+----------------+
| Field     | Type             | Null | Key | Default | Extra          |
+-----------+------------------+------+-----+---------+----------------+
| id        | int(11)          | NO   | PRI | NULL    | auto_increment |
| cs_id     | int(10) unsigned | NO   |     | NULL    |                |
| sdk_id    | int(10) unsigned | NO   |     | NULL    |                |
| cdkey     | varchar(32)      | NO   |     | NULL    |                |
| user_name | varchar(32)      | YES  | MUL | NULL    |                |
| password  | varchar(32)      | YES  |     |         |                |
+-----------+------------------+------+-----+---------+----------------+
6 rows in set (0.00 sec)
```

图 11-10

11.2 SQL 结构化查询语言基础用法

结构化查询语言（Structured Query Language）简称 SQL，作为关系式数据库管理系统的标准语言，用于存取数据以及查询、更新和管理关系数据库系统；各种通行的数据库系统在其实践过程中都对 SQL 规范作了某些编改和扩充。所以，实际上不同数据库系统之间的 SQL 不能完全相互通用。最常见的操作包含 INSERT（插入）、DELETE（删除）、UPDATE（更新）和 SELECT（查询）。具体操作步骤如下。

Step 01 先创建一个表，包含两个字段，然后显示下新创建的表结构。如图 11-11 所示。

```
mysql> CREATE TABLE test(id int, name varchar(11));
Query OK, 0 rows affected (0.02 sec)

mysql> DESC test;
+-------+-------------+------+-----+---------+-------+
| Field | Type        | Null | Key | Default | Extra |
+-------+-------------+------+-----+---------+-------+
| id    | int(11)     | YES  |     | NULL    |       |
| name  | varchar(11) | YES  |     | NULL    |       |
+-------+-------------+------+-----+---------+-------+
2 rows in set (0.00 sec)
```

图 11-11

第 11 章
MySQL 数据库在游戏中的应用

Step 02 往表中增加一条数据。先创建一个表格，包含两个字段，然后显示插入的数据。如图 11-12 所示。

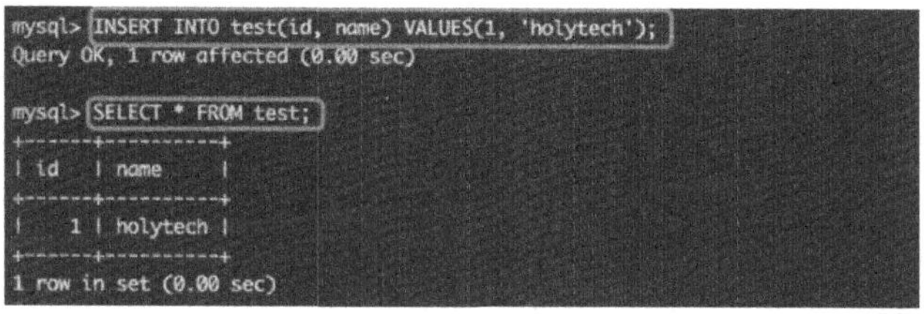

图 11-12

下列 5 种格式插入数据，可以根据数据的具体内容，选择合适的方法。代码如下所示。

```
mysql> ① insert into 表名 (字段1,字段2…) values (值1,值2…);
② insert into 表名 values (值1,值2…),(值1,值2…);
③ insert into 表名 (字段1,字段2…) values (值1,值2…),(值1,值2…);
④ insert into 表名 values (值1,值2…);
⑤ insert into 表名 set 字段1=值1,字段2=值2…;
```

> **注意**
> （1）值和字段名要一一对应，否则会报错。
> （2）写入的值一定要和数据类型相匹配。

Step 03 删除数据，语法格式为 DELETE FROM name WHERE conditions;。如图 11-13 所示。

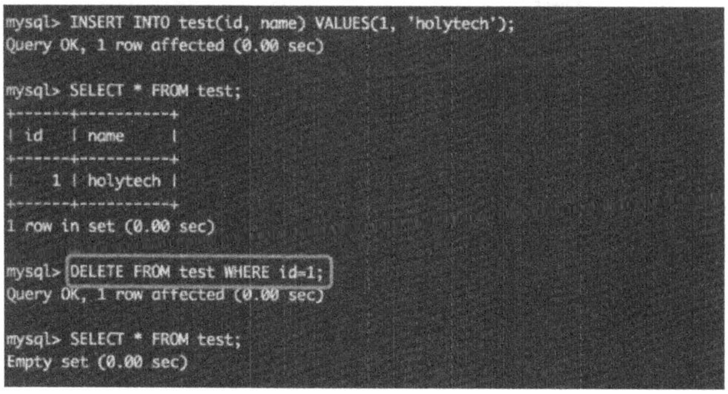

图 11-13

> **注意**
> 在删除数据的时候，一定要加上 WHERE 条件，否则会删除所有的数据。

Step 04 更新数据，语法格式为 UPDATE name SET fieldname1=value1, fieldname2=value2 WHERE condition;。具体代码如图 11-14 所示。

```
mysql> SELECT * FROM test;
+----+----------+
| id | name     |
+----+----------+
|  1 | holytech |
+----+----------+
1 row in set (0.00 sec)

mysql> UPDATE test SET name='holytest' WHERE id=1;
Query OK, 1 row affected (0.00 sec)
Rows matched: 1  Changed: 1  Warnings: 0

mysql> SELECT * FROM test;
+----+----------+
| id | name     |
+----+----------+
|  1 | holytest |
+----+----------+
1 row in set (0.00 sec)
```

图 11-14

Step 05 查找数据，语法格式为 SELECT fieldname1;... FROM name WHERE condition;。

在数据查找过程中，可以根据需求选取查询所有字段的语句或是查询特定字段的语句。其中，* 表示表中的所有字段。如图 11-15 所示。

```
mysql> SELECT * FROM test;
+----+----------+
| id | name     |
+----+----------+
|  1 | holytest |
+----+----------+
1 row in set (0.00 sec)
```

图 11-15

11.3　MySQL 游戏数据库设计

　　数据库设计是游戏获得良好性能的基石，尤其对于刚入行的新人来说，数据库设计特别能锻炼并培养你的程序设计思想。一个表如果设计得不合理，它的后期扩展将会让人一筹莫展。源码学习是一种非常好的学习方法，多借鉴一些项目中的数据库设计，多思考他们为什么会这么设计，多与前辈同事讨论学习心得，坚持每周看一个项目的源码与数据库设计。我相信不久后你的编程思路就会达到一个新的高度。

11.3.1 创建数据库

在本书案例游戏中,为大家提供了游戏所需的所有数据库和表结构,并且提供相应的脚本来批量操作。

在这里,除了可以通过上述的 SQL 语句一步步创建之外,还附带了一个 bat 批处理文件,双击执行 bat 文件会自动创建好游戏数据库和相应的表。下面,介绍两种方法。

◎ 创建用户数据库

这里以账户的库表结构设计来介绍游戏的数据存储设计,因为所有游戏都会设计游戏内的用户相关数据。

创建用户数据库 fball_accountdb,在 MySQL 的命令行中执行如下命令。

```
CREATE DATABASE fball_accountdb;
```

使用数据库 fball_accountdb,在 MySQL 命令行执行如下命令。

```
USE fball_accountdb;
```

用户表(account_user)的设计如表 11-1 所示。

表 11-1

字段名称	字段	类型	备注
记录标识	id	bigint	pk,not null,auto_increment
用户显示名	user_name	varchar(32)	default null
密码	password	varchar(32)	not null
用户名字	cdkey	varchar(32)	not null

在 MySQL 命令行中执行以下代码。

```
CREATE TABLE 'account_user' (
  'id' int(11) NOT NULL AUTO_INCREMENT,
  'cdkey' varchar(32) NOT NULL,
  'user_name' varchar(32) DEFAULT NULL,
  'password' varchar(32) DEFAULT '',
  PRIMARY KEY ('id')
) ENGINE=InnoDB AUTO_INCREMENT=1000;
```

因为游戏内涉及的库和表有多个,为了缩短创建库所用的时间,把上面的语句放到一个脚本文件内,批量执行刚才的创建行为。首先,打开数据库练习工程,找到

db_back.bat 文件，在 VSCode 中打开，修改 bat 文件中的密码部分（-p 后的部分），把它改为自己数据库的密码。其次，关闭 bat 文件。最后，双击执行 bat 文件即可。

创建完成之后，查看数据库（SHOW databases;），检查数据库是否创建完成。当然也可以看更细节的部分，查看库中的表（USE mysqldata(数据库名); SHOW tables;）以及表的结构（DESC mytable(表名);）。

◎ SQL 语句创建数据库

从素材中下载 dbsql 文件夹，找到 Rebuild.sh 文件，在 VSCode 中打开，修改 sh 文件中的密码部分（-p 后的部分），把它改为自己数据库的密码。然后打开乌班图，启动数据库（/etc/init.d/mysql start），逐句执行 sh 文件中的语句，即下述语句，创建数据库。

直接在命令行下创建数据库中的表。代码如下所示。

```
mysql -uroot -p 密码 <fball_accountdb.sql
mysql -uroot -p 密码 <fball_chargedb.sql
mysql -uroot -p 密码 <fball_robedb.sql
mysql -uroot -p 密码 <fball_gamedb.sql
mysql -uroot -p 密码 <fball_logdb.sql
```

每执行完成一句之后，便可以通过下述 SQL 语句，查询数据库中的表是否创建完成，以此来检测创建过程是否有误。代码如下所示。

```
mysql -uroot -p 密码    进入数据库 （如果命令行显示为 mysql> 这种形式，表明已经进入
                                数据库中，就不需要再执行这条语句）
use 数据库名;   使用当前数据库
show tables;   查看当前数据库中的表
```

如果已经进入数据库中，也就是执行过 mysql -uroot -p 密码语句，那当用户在创建数据库中的表时，就可以通过下述语句执行。

```
use 数据库名：使用接下来要创建表的数据库（如：use fball_accountdb）
source 数据库脚本名：引入当前数据库的源文件（如：source fball_accountdb.sql）
```

11.3.2　框架对数据库的支持

Thanos 框架已经默认支持 MySQL 数据库的操作，只要正确配置 conf/hok.conf 文件中的字段，就可以进行数据库表的增、删、改、查等相关的操作行为。具体设置如图 11-16 所示。

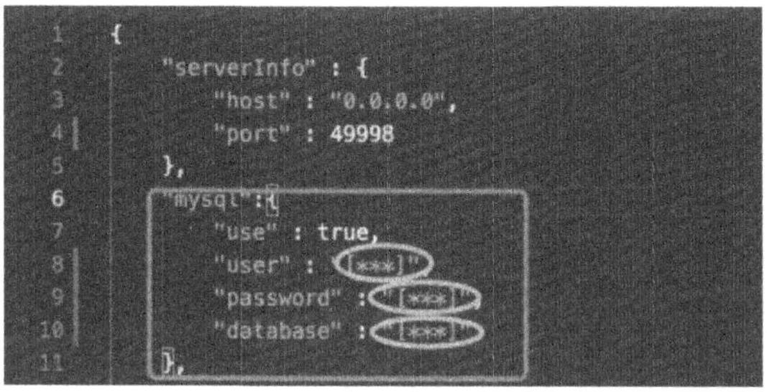

第 11 章
MySQL 数据库在游戏中的应用

图 11-16

需要设置 MySQL 节中 use 字段为 true，设置对应的 user、password 以及 database 字段为本地数据库中。接下来，写一段程序，通过使用 MySQLPool 模块读取 account 表中的数据。

Step 01 写查询用户数据 SQL 语句。

在介绍 SQL 语句时，讲到了用 "SELECT 字段 1, 字段 2,… FROM mytable(表名);" 查找表中的数据。这里，用这个方法来获取表中的数据，获取用户信息作为示例进行讲解，代码如下所示，其他数据的获取与此方法相同，只是填写的字段不同。

```
let sql = 'SELECT id,cdkey cdKey,user_name userName,password FROM fball_accountdb.account_user WHERE cdkey = ?';
```

仔细观察的读者可能会发现，在上述代码中，SELECT 之后的字段中会出现 obj_id objId 这样的情形，这是表中的字段以及笔者给它起的别名，起别名是为了在工程中使用方便，表中的字段名与别名用空格隔开就好。在 "FROM 表名" 之后，出现了 "WHERE 字段"，这个给用户在查询时添加了限定条件，选取表中符合这个条件的一行数据。

Step 02 执行 SQL 语句读取表中数据。

先定义一个 MySQLPool 类型的变量，然后通过它来获取 query 方法，最后把对应数据的变量以及查询条件传入 query 函数。那对于其他表中数据的查询，都可以这样操作。

有些读者可能会有疑问，我怎么才能知道这句语句是否可行？是否能查询到我们想要的信息呢？下面就来测试一下。

先创建一个 testmysql.ts 文件，然后创建 TestMysql 类，在 main() 函数中调用框架 Utils 中的 readConfig() 读取配置文件，接下来创建一个 MySQLPool 对象，并查询如下所示信息，最后在 launch.json 文件中加入此行语句 "program"："${workspaceRoot}/dist/test/testmysql.js"，按 F5 键执行程序即可。读者会在 Debug 调试窗口下看到数据结果。代码如下所示。

```
import { MysqlPool } from '../src/common/mysqlpool';
import Utils from '../src/common/utils';
import { myLogger } from '../src/common/mylogger';

class TestMysql {
    main() {
        let conFile = Utils.readConfig('hok');
        let mysql = new MysqlPool(<DBConfig>conFile.mysql);
        let sql = 'SELECT id,cdkey cdKey,user_name userName,password FROM fball_accountdb.account_user WHERE cdkey = ?';
        mysql.cbquery(sql, [], (err, data)=> {
            if (!err) {
                myLogger.log(data);
            }
        });
    }
}
new TestMysql().main();
```

Step 03 执行查询命令。

通过 DBManager 的 executeSQL 函数可以执行查询命令。代码如下所示。

```
executeSQL(sqlStr:string, sqlParam = []): Promise<any> {
    return this._mysql.query(sqlStr, sqlParam);
}
```

在任务过程中，如遇到问题，请读者参考视频教程（http://www.insideria.cn/course/608/tasks）或者在开发论坛中（http://www.insideria.cn/group/5）沟通交流。

小提示

本章内容是对数据库基础操作的介绍，高级开发课程可通过链接 http://books.insideria.cn/101/31 深入学习。课程包含：视图、存储过程、触发器、索引、事务和锁、游标等知识。

第 12 章

Node.js 环境中 XML 配置文件的处理

本章内容

在游戏策划中需要配置大量的与游戏属性相关描述性数据（比如地图信息配置、AI 配置、英雄技能伤害、攻击范围等），这些数据通常由游戏数值策划师编辑产生，以 XML 格式保存。那么 XML 通常的书写格式是怎样的？在游戏程序开发过程中，工程师是如何读取并运用这些数据的？通过本章的学习，读者可以了解和掌握其中的所有技术。

知识要点

- XML 文件格式。
- 在 Node 环境中读取 XML 文件的方法。
- 使用批量结构化 XML 文件工具。
- 使用工具批量把游戏中使用的所有 XML 配置文件结构化。
- 使用单例访问结构化数据。

12.1　XML 语言简介与 MOBA 游戏配置模板

XML（Extensible Markup Language）是可扩展的标记语言的缩写，它的设计宗旨是传输数据。XML 的标签没有被预定义，用户需要自行定义标签。XML 本身被设计为具有自我描述性。

XML 有如下限定条件：
- XML 必须有根元素。
- 所有 XML 元素必须有一个关闭标签。
- XML 标签对大小写敏感。
- XML 必须正确嵌套。
- XML 属性值必须加引号。

XML 文档实例：

```xml
<?xml version='1.0' encoding='UTF-8'?>
<book>
    <name>用 Unity 制作王者荣耀</name>
    <author>北京英赛德科技有限公司</author>
    <price>99.00</price>
</book>
```

在案例游戏中，使用如下格式保存配置文件：以下的 XML 文件就是游戏中加载地图的相关数据配置。如图 12-1 所示。

```xml
<?xml version="1.0" encoding="UTF-8" standalone="yes"?>
<MapLoadCfg xmlns:xsi="http://www.w3.org/2001/XMLSchema-instance">
    <info MapID="1001">
        <LoadScene>pvp_001</LoadScene> <!-- 场景编号 -->
        <MiniMap>MiniMap_001</MiniMap> <!-- 右上角小地图对应地图编号 -->
        <NameCn>圣光营地</NameCn> <!-- 中文名称 -->
        <ACameraPos>1</ACameraPos> <!-- A摄像机位置编号 -->
        <BCameraPos>6</BCameraPos> <!-- B摄像机位置编号 -->
        <ShowPic>135</ShowPic> <!-- 展示图片 -->
        <PlayerNum>2</PlayerNum> <!-- 玩家总数量 -->
        <PlayerMode>1V1</PlayerMode> <!-- 游戏模式 -->
        <ShopID>1001</ShopID> <!-- 地图在商城中的编号 -->
        <CameraType>2</CameraType> <!-- 摄像机类型 -->
        <IsAI>1</IsAI> <!-- 是否支持AI -->
        <IsNormal>1</IsNormal> <!-- 是否普通地图 -->
        <IsRank>1</IsRank> <!-- 哪个等级可以使用 -->
        <IsTrain>0</IsTrain> <!-- 是否有草坪 -->
        <IsDungeon>0</IsDungeon> <!-- -->
    </info>
</MapLoadCfg>
```

图 12-1

12.2 读取单个 XML 文件

在 Node.js 环境中，要把 XML 加载并结构化成 ts 文件才能在项目中被正常使用。可以通过以下几个步骤实现 XML 文件的读取与结构化。

Step 01 在 test 目录下创建一个 XML 配置文件 test.xml，如图 12-2 所示。

```
test.xml
1  <?xml version="1.0" encoding="UTF-8"?>
2  <book>
3      <name>用Unity制作王者荣耀</name>
4      <author>北京英赛德科技有限公司</author>
5      <price>99.00</price>
6  </book>
```

图 12-2

Step 02 安装 xmldom 模块，代码如下所示（重要提示：在 Node 环境中读取 XML 必备组件）。

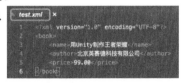

```
npm install xmldom;
```

Step 03 在 test 目录下创建 testxml.ts 文件（需要使用该脚本结构化 XML 文件），如图 12-3 所示。

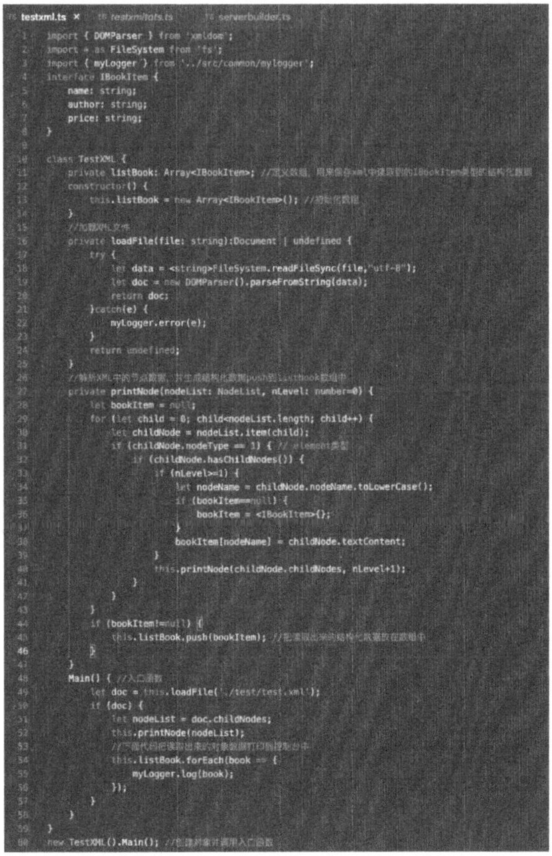

```
testxml.ts
import { DOMParser } from 'xmldom';
import * as FileSystem from 'fs';
import { myLogger } from '../src/common/mylogger';
interface IBookItem {
    name: string;
    author: string;
    price: string;
}

class TestXML {
    private listBook: Array<IBookItem>; //定义数组，用来保存xml中读取到的IBookItem类型的结构化数据
    constructor() {
        this.listBook = new Array<IBookItem>(); //初始化数组
    }
    //加载XML文件
    private loadFile(file: string):Document | undefined {
        try {
            let data = <string>FileSystem.readFileSync(file,"utf-8");
            let doc = new DOMParser().parseFromString(data);
            return doc;
        }catch(e) {
            myLogger.error(e);
        }
        return undefined;
    }
    //解析XML中的节点数据，并生成结构化数据push到listBook数组中
    private printNode(nodeList: NodeList, nLevel: number=0) {
        let bookItem = null;
        for (let child = 0; child<nodeList.length; child++) {
            let childNode = nodeList.item(child);
            if (childNode.nodeType == 1) { // element类型
                if (childNode.hasChildNodes()) {
                    if (nLevel>=1) {
                        let nodeName = childNode.nodeName.toLowerCase();
                        if (bookItem==null) {
                            bookItem = <IBookItem>{};
                        }
                        bookItem[nodeName] = childNode.textContent;
                    }
                    this.printNode(childNode.childNodes, nLevel+1);
                }
            }
        }
        if (bookItem!=null) {
            this.listBook.push(bookItem); //把读取出来的结构化数据放在数组中
        }
    }
    Main() { //入口函数
        let doc = this.loadFile('./test/test.xml');
        if (doc) {
            let nodeList = doc.childNodes;
            this.printNode(nodeList);
            //下面代码把读取出来的对象数据打印到控制台中
            this.listBook.forEach(book => {
                myLogger.log(book);
            });
        }
    }
}
new TestXML().Main(); //创建对象并调用入口函数
```

图 12-3

Step 04 在控制台看到如图 12-4 所示输出日志，表示已经可以正常读取 XML 文件了。

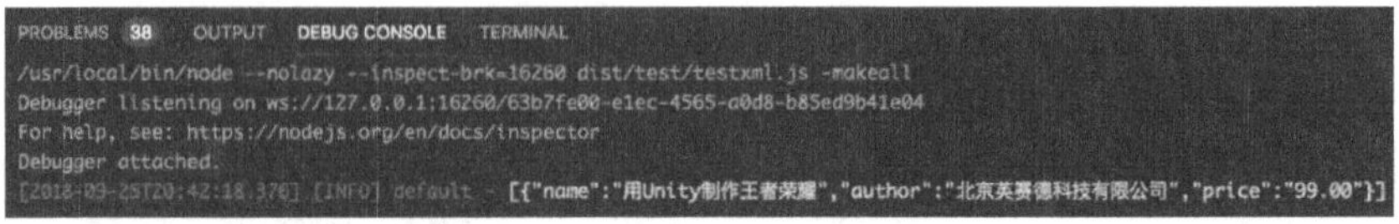

图 12-4

12.3 批量结构化 XML 文件工具的使用

12.3.1 不结构化数据的弊端

不结构化数据的弊端主要有以下两点：
- 在编程过程中直接使用 XML 标签名，引用 XML 变量名容易出错。
- 在程序运行时，变量名引用错误容易使游戏报错异常。

12.3.2 自动化的优势

真实的游戏项目中有上百个配置文件，而且单独处理每个文件的读/写是一项耗时且易出错的工作。因为 XML 格式是标准化的，所以可以通过一段代码把所有相关 XML 配置文件的读/写操作生成一段脚本来完成，保证操作的便利性，也避免了出错的可能性。

12.3.3 自动化生成 TS 结构化数据文件

要想实现通过一个脚本批量产生多个文件，首先一点是配置文件本身需要具备规范统一的优点，而这一点恰恰是 XML 与生俱来的特性。在配置文件规整的情况下，只需要把所有的文件获取到，并对它们进行统一的操作即可。下面就来看如何将 XML 文件转换成 ts 文件。

◎ **自动生成 Map**

使用自动化生成器生成 Map 的步骤如下。

Step 01 在 vscode 的 terminal 中执行如下命令，可以生成访问 MapLoadCfg 的访问文件。如图 12-5 所示。

```
node ./dist/tools/makeconfig -make MapLoadCfg
```

第 12 章
Node.js 环境中 XML 配置文件的处理

图 12-5

Step 02 自动生成的 automaploadcfg.ts 文件在 /tools/autots 目录下。打开文件，看到里面包含两部分内容：一是 MapLoadCfg 的访问类 class AutoMapLoadCfg，一是单条数据结构 interface AutoMapLoadCfgInfo。

然后编写批量自动化生成器。

◎ 自动生成 ts 文件

在 test 文件夹下创建一个 testConvertXml2TS.ts 文件和一个 TestXmlToTs 类，在类中创建一个 main 函数，此外还需要在类外调用 main 函数，调用语句如下：

```
class TestXmlToTs {
}
new TestXmlToTs().main();
```

准备工作完成之后，即可在 TestXmlToTs 类中添加详细的内容。在这里，先来梳理设计思路。如图 12-6 所示。

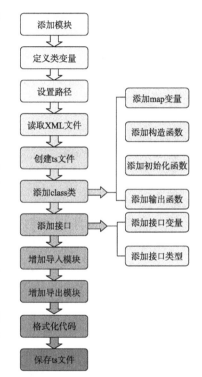

Step 01 添加模块。

图 12-6

在 TestXmlToTs 类外导入模块，若有模块缺失，使用 "npm install 模块名 -save-dev" 命令安装模块即可。

```
import Ast, { Scope, SourceFile } from 'ts-simple-ast';
import * as Path from 'path';
import { myLogger } from '../src/common/mylogger';
import Utils from '../src/common/utils';
```

Step 02 定义类变量。

在 TestXmlToTs 类中添加下列变量。

```
// 创建 Ast 对象
private _ast: Ast;
// 创建源文件
private _sourceFile: SourceFile;
```

Step 03 设置路径。

在 TestXmlToTs 类中的 main() 函数中初始化 Ast 对象并设置 XML 文件路径与生成 ts 文件类型。代码如下所示。

```
// 初始化 Ast 对象
this._ast = new Ast();
// 定义要处理的 XML 文件名
let xmlConfigFile = 'test';
myLogger.log('处理文件 ${xmlConfigFile}...');
// 获取类名
let className = Path.basename(xmlConfigFile, '.xml');
// 获取 XML 文件所在路径
let filePath = './conf/${className}.xml';
// 设置生成 ts 文件类型
let dstPathFile = './test/auto${className.toLowerCase()}.ts';
```

Step 04 读取 XML 文件。

在 main 函数中，采用 async await 异步操作的方式读取 XML 文件并把它转为 json 对象。此时需要在 main 函数的函数名之前添加 async 关键字。代码如下所示。

```
// 读取 XML 文件并转化成 json 对象返回来
let jsonData = await Utils.getJSObject(filePath).catch((e: Error) => {
    myLogger.error(e.message);
    return Promise.reject;
});
```

Step 05 创建 ts 文件。

通过 Ast 对象 _ast 创建源文件并赋值给变量 _sourceFile。代码如下所示。

```
// 创建 ts 文件，回写之前文件不存在
this._sourceFile = this._ast.createSourceFile(dstPathFile);
```

Step 06 添加 class 类。

添加一个类，并设置类中的内容，包括添加一个 map 变量，用来保存 XML 文件中的所有数据信息，添加一个构造函数、一个初始化函数以及输出函数。代码如下所示。

```
// 创建一个 Class
const classDeclaration = this._sourceFile.addClass({
    name: className
});
```

添加 map 变量，代码如下所示。

```
// 设置 map 类型
let mapType = 'Map<string, Array<${interfaceName}>>';
// 添加 map 的属性
classDeclaration.addProperty({
    name: '_mapDataInfo',// 数据信息
    type: '${mapType}'// 数据类型
});
```

添加构造函数，代码如下所示。

```
// 加入构造函数
classDeclaration.addConstructor({
    scope: Scope.Private,// 函数访问权限
    bodyText: 'this._mapDataInfo = new ${mapType}();'// 创建 map 对象
});
```

添加初始化函数和添加输出函数，代码如下所示。

```
let bodyTypeProcess = 'this._mapDataInfo.set(dataKey, data);';
// 增加 initialize 初始化的方法
let initFuncDeclaration = classDeclaration.addMethod({
    name: 'initialize',// 函数名
    scope: Scope.Public,// 函数访问权限
    // 内容体
    bodyText: 'try {
        // 获取 json 数据
        let jsonData = await Utils.getJSObject(xmlFile);
        let root = jsonData[Object.keys(jsonData)[0]];
        // 把数据添加到 map 中
        if (root && root.info && root.info.length > 0) {
            for(let infoItem of root.info) {
                let infoKeys = Object.keys(infoItem);
                let data = <any>{};
                let dataKey = '';
                for (let infokey of infoKeys) {
                    if (infoItem[infokey] instanceof Array) {
                        data[infokey] = infoItem[infokey][0];
                    } else {
                            dataKey = infoItem[infokey][Object.keys(infoItem[infokey])[0]];
                    }
                }
                ${bodyTypeProcess}
            }
            return Promise.resolve;
        }
    } catch(e) {
```

```
            myLogger.error(e.message);
            return Promise.reject;
        }'
});
// 添加 initialize 函数的参数
initFuncDeclaration.addParameters([{ name: 'xmlFile', type: 'string' }]);
// 限定为异步操作函数，添加 async 关键字
initFuncDeclaration.setIsAsync(true);
    添加输出函数
// 增加 printAll 的方法
classDeclaration.addMethod({
    name: 'printAll',// 设置函数名
    // 内容体
    bodyText: 'for (let [key, value] of this._mapDataInfo.entries()) {
            // 输出数据
            myLogger.log(\'\${key} : \${JSON.stringify(value)}\');
        }'});
```

Step 07 添加接口。

添加接口主要是为了在访问 XML 配置文件中的数据时，可以方便地获取到数据的字段。代码如下所示。

```
// 添加接口 testInfo
let interfaceName = '${className}Info';
const interfaceDeclaration = this._sourceFile.addInterface({
    name: interfaceName
});
```

添加接口变量，代码如下所示。

```
// 生成 testInfo 内的变量，统一类型为 string
let root = jsonData[Object.keys(jsonData)[0]];
let mapNameTypes = new Map<string, string>();
for (let infoItem of root.info) {
    let infoKeys = Object.keys(infoItem);
    for (let infokey of infoKeys) {
        mapNameTypes.set(infokey, 'string');
    }
}
```

添加接口类型，代码如下所示。

```
// 加入接口类型
for (let [keyName, keyType] of mapNameTypes.entries()) {
    interfaceDeclaration.addProperty({
        name: keyName,
        type: keyType
    });
}
```

Step 08 增加导入模块。

在创建函数的过程中,会调用到其他模块中的内容,因此需要在这里把用到的模块导入文件中。代码如下所示。

```
// 增加 import 导入的头部模块
let myLoggerFile = this._ast.addExistingSourceFile('./src/common/mylogger.ts');
let myLoggerModule = this._sourceFile.getRelativePathTo(myLoggerFile);
myLoggerModule = myLoggerModule.substring(0, myLoggerModule.length-3);
let utilsFile = this._ast.addExistingSourceFile('./src/common/utils.ts');
let utilsModule = this._sourceFile.getRelativePathTo(utilsFile);
utilsModule = utilsModule.substring(0, utilsModule.length-3);

// 添加 myLogger 模块与 Utils 模块
this._sourceFile.addImportDeclarations([{
    namedImports: ['myLogger'],
    moduleSpecifier: myLoggerModule
}, {
    defaultImport: 'Utils',
    moduleSpecifier: utilsModule
}]);

myLogger.log(className, interfaceName);
```

Step 09 增加导出模块。

生成的 ts 文件必然需要外部文件访问,因此要把此文件中的类与接口作为模块导出,便于访问。代码如下所示。

```
// 增加 export 导出 class 和 interface 模块
this._sourceFile.addExportDeclarations([
    { namedExports: [className, interfaceName] }
]);
```

Step 10 格式化代码。

代码如下所示。

```
// 格式化代码,保证代码的规矩
this._sourceFile.formatText();
```

Step 11 保存 ts 文件。

代码如下所示。

```
// 写回到 ts 文件中
this._ast.saveSync();
```

◎ 生成 ts 脚本

在 launch.json 文件中设置项目执行的入口函数，加入下列语句：

```
"program": "${workspaceRoot}/dist/test/testxmltots.js",
```

保存所有文件，并在 TERMINAL 终端窗口输入 tsc -w 命令，自动编译所有文件。按 F5 键，执行程序，会在 DEBUG CONSOLE 调试窗口输出如图 12-7 所示的内容。

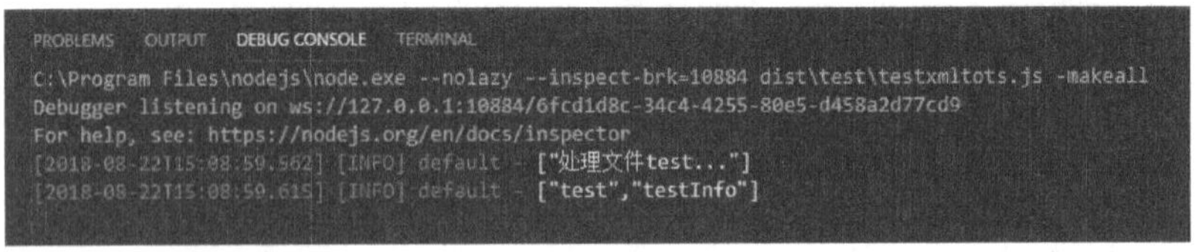

图 12-7

并在 test 文件夹下生成 autotest.ts 文件，内容如下，这便是将之前的 XML 文件利用生成器转成的 ts 文件。

```typescript
import { myLogger } from "../src/common/mylogger";
import Utils from "../src/common/utils";

class test {
    _mapDataInfo: Map<string, Array<testInfo>>;

    private constructor() {
        this._mapDataInfo = new Map<string, Array<testInfo>>();
    }

    public async initialize(xmlFile: string) {
        try {
            let jsonData = await Utils.getJSObject(xmlFile);
            let root = jsonData[Object.keys(jsonData)[0]];
            if (root && root.info && root.info.length > 0) {
                for (let infoItem of root.info) {
                    let infoKeys = Object.keys(infoItem);
                    let data = <any>{};
                    let dataKey = '';
                    for (let infokey of infoKeys) {
                        if (infoItem[infokey] instanceof Array) {
                            data[infokey] = infoItem[infokey][0];
                        } else {
                            dataKey = infoItem[infokey][Object.keys(infoItem[infokey])[0]];
                        }
                    }
                    this._mapDataInfo.set(dataKey, data);
```

```
                    }
                    return Promise.resolve;
                }
            } catch (e) {
                myLogger.error(e.message);
                return Promise.reject;
            }
        }

        printAll() {
            for (let [key, value] of this._mapDataInfo.entries()) {
                myLogger.log('${key} : ${JSON.stringify(value)}');
            }
        }
    }
    interface testInfo {
        name: string;
        skilltype: string;
    }
    export { test, testInfo };
```

对于工程中的代码生成器，原理与这里的一致，只是针对工程中的 XML 文件，信息处理得更加完善，读者可以通过视频学习真实项目中的代码生成器。

自动生成代码工具位于工程的 **tools/makeconfig.ts**。

12.4 结构化数据的调用方法

打开下载的项目工程，找到 configmanager.ts 配置文件管理器。在这里，先来介绍如何加载配置数据以及获取到静态数据。

12.4.1 加载配置数据

先在 configmanager 中定义对应配置数据类型的变量。以加载逻辑配置数据为例，定义一个 private 类型的变量 _mapLogicCfg，类型为生成的对应 ts 脚本类型 AutoMapLoadCfg。代码如下所示。

```
private _mapLogicCfg: AutoMapLoadCfg;
```

然后，在 initialize 初始化函数中，通过 async await 异步加载逻辑配置数据，获取

AutoMapLoadCfg 实例。至此，_mapLogicCfg 变量中就存放了从 MapLoadCfg.xml 文件中转换过来的所有数据。代码如下所示。

```
this._mapLogicCfg = await AutoMapLoadCfg.getInstance();
```

12.4.2 获取静态数据

对于 _mapLogicCfg 中的所有数据，并不是一次就全部取出来使用，因此，可以根据此数据对应的 key 键值，获取到对应数据。以数据对应的 key 作为参数，通过 AutoMapLoadCfg 类中的 getAutoMapLoadCfgInfoItem 函数，返回对应的数据。代码如下所示。

```
getMapLogicCfg(mapId: number): AutoMapLoadCfgInfo {
    return this._mapLogicCfg.getAutoMapLoadCfgInfoItem(mapId);
}
```

在任务过程中，如遇到问题，请读者参考视频教程（http://www.insideria.cn/course/608/tasks）或者在开发论坛中（http://www.insideria.cn/group/5）沟通交流。

第13章

Protocol Buffer 协议在游戏场景中的应用

本章内容

在网络游戏开发中,为了减小信息传输的大小,提升高并发信息传输速率,以及兼容不同的客户端,在游戏服务器与客户端的网络通信中,通常会使用 Protocol Buffer 协议,可以自定义协议中的结构化数据,通过 Protocol Buffer 代码生成器生成相应语言本地代码来读/写这个数据结构,在反序列化的过程中,把数据映射到本地对象,加快访问速度。可以支持多个不同版本之间数据交互、不同版本之间的支持容错处理,也就是说可以在无须重新部署程序的情况下更新数据结构。

知识要点

- ❑ Protocol Buffer 工作原理。
- ❑ 如何使用 Protocol Buffer 工具生成客户端 C# 语言交互数据格式。
- ❑ 如何使用 Protocol Buffer 工具生成服务器端 JS 语言交互数据格式。
- ❑ 调通 PVE 游戏中所有客户端与服务器通信协议。
- ❑ 使用 Thanos 游戏框架消息解析工具。

13.1　Protocol Buffer 原理介绍

13.1.1　ProtoBuf 消息定义

消息至少由一个字段组合而成，类似于C语言中的结构。每个字段都有一定的格式。
字段格式：
限定修饰符①|数据类型②|字段名称③|=|字段编码值④|[字段默认值⑤]
代码如下所示。

```
message PhoneNumber {
    ①required ②string ③number = ④1 ⑤[default = 0];
    optional PhoneType type = 2 [default = HOME];
    repeated PhoneNumber phone = 3;
}
```

13.1.2　协议格式制定

当需要游戏客户端与服务器进行交互的时候，必须定义交互数据的格式，以方便客户端与服务器都能理解解析。这其实就是常说的报文。因为在互联网中传输的信息都会被转化为二进制流。所以用户必须自己定义包的大小和结构。如表 13-1 所示。

表 13-1

包总长度	包内容
int	object
4 字节	变长

这个协议包括两部分，一部分是包内容的长度，一部分是包的内容。在信息传输时，把包的内容使用 Protocol Buffer 进行序列化，如果序列化时使用的是 Protocol Buffer 工具，那么再解析，也就是反序列化时，也必须使用 Protocol Buffer 工具。

◎ 限定修饰符 required\optional\repeated

required：表示是一个必须字段，必须相对于发送方，在发送消息之前必须设置该

第 13 章
Protocol Buffer 协议在游戏场景中的应用

字段的值，对于接收方，必须能够识别该字段的意思。发送之前没有设置 required 字段或者无法识别 required 字段都会引发编解码异常，导致消息被丢弃。

optional：表示是一个可选字段，发送方在发送消息时，可以有选择性地设置或者不设置该字段的值。对于接收方，如果能够识别可选字段就进行相应的处理，如果无法识别，则忽略该字段，消息中的其他字段正常处理。因为 optional 字段的特性，很多接口在升级版本中都把后来添加的字段统一设置为 optional 字段，这样旧版本无须升级程序也可以正常地与新的软件进行通信，只不过新的字段无法识别而已。由于并不是每个节点都需要新的功能，因此可以做到按需升级和平滑过渡。

repeated：表示该字段可以包含 0 ~ N 个元素。其特性和 optional 一样，但是每一次可以包含多个值。可看做是在传递一个数组的值。

◎ **数据类型**

ProtoBuf 定义了一套基本数据类型，可以映射到 C++/Java/C# 等多种语言的基础数据类型，如表 13-2 所示。

表 13-2

ProtoBuf 数据类型	描述	打包	C++ 语言映射
bool	布尔类型	1 字节	bool
double	64 位浮点数	N	double
float	32 位浮点数	N	float
int32	32 位整数	N	int
uin32	无符号 32 位整数	N	unsignedint
int64	64 位整数	N	int64
uint64	64 位无符号整数	N	unsignedint64
sint32	32 位整数，处理负数效率更高	N	int32
sing64	64 位整数，处理负数效率更高	N	int64
fixed32	32 位无符号整数	4	unsignedint32
fixed64	64 位无符号整数	8	unsignedint64
sfixed32	32 位整数能以更高的效率处理负数	4	unsignedint32
sfixed64	64 位整数	8	unsignedint64
string	只能处理 ASCII 字符	N	string

续表

ProtoBuf 数据类型	描述	打包	C++ 语言映射
bytes	用于处理多字节的语言字符、如中文	N	string
enum	可以包含一个用户自定义的枚举类型 uint32	N（uint32）	enum
message	可以包含一个用户自定义的消息类型	N	obect of class

> **说明**
> N 表示打包的字节并不固定，而是根据数据的大小或者长度而定。

例如 int32，如果数值比较小，在 0～127 时，使用一个字节打包。其枚举的打包方式和 uint32 相同。

◎ 字段名称

字段名称的命名方式与 C、C++、Java 等语言的变量命名方式几乎是相同的。
ProtoBuf 建议字段的命名采用以下划线分割的驼峰式。
例如 first_name 而不是 firstName。

◎ 字段编码值

有了该值，通信双方才能互相识别对方的字段。相同的编码值，其限定修饰符和数据类型必须相同。

编码值的取值范围为 $1 \sim 2^{32}$（4294967296）。

其中，1～15 的编码时间和空间效率是最高的。编码值越大，其编码的时间和空间效率就越低（相对于 1～15）。一般情况下，相邻的两个值编码效率是相同的，除非两个值恰好是在 4 字节、12 字节、20 字节等的临界区。比如 15 和 16。

1900～2000 编码值为 Google ProtoBuf 系统内部保留值，建议不要在自己的项目中使用。

ProtoBuf 还建议把经常要传递的值的字段编码设置为 1～15 之间的值。

消息中的字段的编码值无须连续，只要是合法的，但是不能在同一个消息中有字段包含相同的编码值。

建议：项目投入运营以后，涉及版本升级时的新增消息字段全部使用 optional 或者 repeated，尽量不使用 required。如果使用了 required，需要全网统一升级，如果使用 optional 或者 repeated 则可以平滑升级。

第 13 章
Protocol Buffer 协议在游戏场景中的应用

◎ **默认值**

在传递数据时，对于 required 数据类型，如果用户没有设置值，则使用默认值传递到对端。在接收数据时，对于 optional 字段，如果没有接收到 optional 字段，则设置为默认值。

13.2 《王者荣耀》通信协议概览

如图 13-1 所示，《王者荣耀》游戏中网络通信消息类型分为 8 种，每种类型中包含着该类型的所有通信协议，接下来介绍其使用方法。

用 Protocol Buffer 工具来分别序列化客户端与服务器端的结构数据。

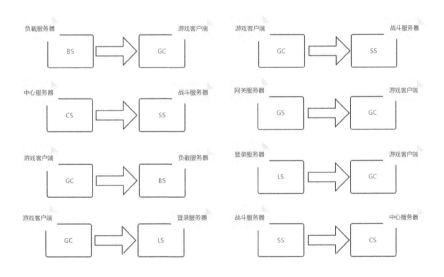

图 13-1

13.2.1 Protocol Buffer 协议源文件

在项目文件中找到 proto 文件夹。如图 13-2 所示，扩展名为 .proto 的文件均为 proto 协议源文件。分别使用 ProtoBuf 客户端与服务器工具把这些文件转译为对应语言的结构化对象。

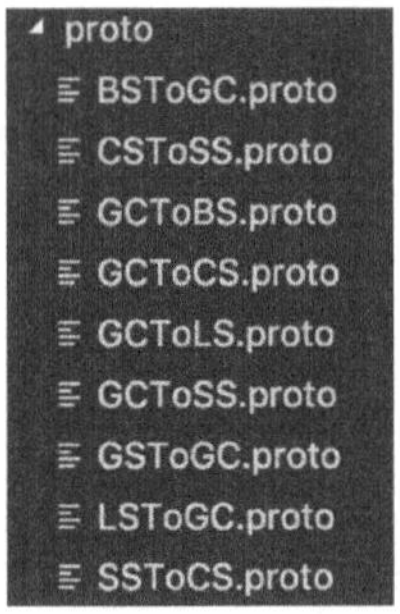

```
proto
  BSToGC.proto
  CSToSS.proto
  GCToBS.proto
  GCToCS.proto
  GCToLS.proto
  GCToSS.proto
  GSToGC.proto
  LSToGC.proto
  SSToCS.proto
```

图 13-2

13.2.2 客户端编译

因为客户端使用 Unity C# 编写，所以下载 .Net 版的 ProtoBuf（ProtoBuf-net）版本。下载地址为 http://books.insideria.cn/101/48。

ProtoBuf-net 源码在资源包中。下载完成后，要解决第一个问题，也是前边在消息发送时遇到一个问题。定义消息利用了 PB 协议中的数据类型，存放在以 .proto 为扩展名的文件内，系统不能直接识别它。如果要在项目中使用自定义的消息，需要将 PB 定义的消息转换成 C# 的类，那么如何进行这个转换呢？

13.2.3 客户端编译数据

下载完成后解压，打开文件夹，可以找到一个名为 src 的文件夹，找到 protogen 文件，利用 Protogen 工具将 .porto 文件转化成 .cs 文件。

在 Protogen 文件夹下，打开 ProtoFile 文件，这个文件夹负责存储 .proto 文件，将项目中所有的文件导入这个目录下，利用工具将这些文件转换成 .cs。右击 genProto.bat 并编辑它。找到如图 13-3 所示的区域。

```
protogen -i:GCToLS.proto -o:../GCToLS.cs
protogen -i:GCToSS.proto -o:../GCToSS.cs
protogen -i:GCToCS.proto -o:../GCToCS.cs
protogen -i:GCToBS.proto -o:../GCToBS.cs
protogen -i:GSToGC.proto -o:../GSToGC.cs
protogen -i:BSToGC.proto -o:../BSToGC.cs
protogen -i:LSToGC.proto -o:../LSToGC.cs

protogen -i:CSToRC.proto -o:../CSToRC.cs
protogen -i:RCToCS.proto -o:../RCToCS.cs
```

图 13-3

这几句代码的作用是将 .proto 文件转换成 .cs 文件，
- -i：输入的 .proto 文件。
- -o：输出的 .cs 文件。

将输出目录设定为上一级，所有要转换的文件都写在这里。然后保存、关闭。再双击 .bat 文件使它执行。执行完成后，在这个文件的上一级目录中得到了转换完成后的 .cs 文件。

有两种方法可以将 .cs 文件加入项目中，这里只介绍其中一种。预编译成 .dll 文件，然后加入用户的项目中就可以了，步骤如下：

Step 01 新建一个类库，将所有的 .cs 文件导入。
Step 02 导入完成后，直接编译，可以得到 .dll 文件。
Step 03 将编译完成的 .dll 文件和 .pdb 文件直接导入工程中。

这样，在定义消息时就不会报错，因为它已经转换成 C# 代码了。但是在发送消息时，这个消息的类型是 ProtoBuf.IExtensible 类型，所以还要将 ProtoBuf-net.dll 文件导入。这就解决了有关消息发送的问题。

13.2.4 序列化结构数据

但是，在讲解发送消息的时候，还遗留了一个问题，那就是序列化的问题。前边将发送的消息体以及消息类型序列到 Stream 中，这里就运用到了 ProtoBuf 中的 Serializer 类。这个类中包含序列化、反序列化的方法。为什么要用 ProtoBuf 中的工具，因为在这方面，此工具序列化数据非常简洁、紧凑，与 XML 相比，其序列化之后的数据量约为原来的 1/3 到 1/10。序列化完成后的解析速度加快，比对应的 XML 快 20～100 倍。所以可以直接利用它的序列化工具。这是将数据序列化到 Stream 中，那么对应的，客户端接收数据解析肯定会有反序列化的操作。

13.3 使用 Thanos 服务器框架调试消息

Thanos 服务器框架提供的最重要服务就是网络通信服务，接下来的步骤，需要使用服务器提供的网络通信模块来发送和解析 Protocol Buffer 编译出来的结构化数据。先写一个简单的测试 Demo，步骤如下。

Step 01 新建一个测试脚本 Text，在脚本的 Start 函数中定义服务器端的 IP 与端口。调用 NetworkManager 中的 Init 函数来初始化服务器的信息，这里设置的服务器类型是 LoginServer。代码如下所示。

```
void Start()
{
    string LoginServerAdress = "holytech.insideria.cn";

    int port = 49996;

    NetworkManager.Instance.Init(LoginServerAdress, port, NetworkManager.ServerType.LoginServer);
}
```

Step 02 在 Update 中调用网络消息泵，NetworkManager 中的 Update 函数负责连接服务器。代码如下所示。

```
private void Update()
{
    NetworkManager.Instance.Update(Time.deltaTime);
}
```

Step 03 定义一个消息 pMsg，消息类型为 AskLogin，并将消息封装在 pMsg 中。利用 SendMsg 来发送它。可以通过定时器发送，也可以通过单击按钮发送。代码如下所示。

```
public void EmsgToLs_AskLogin()
{
    GCToLS.AskLogin pMsg = new GCToLS.AskLogin();
    {
        pMsg.platform = 10;
        pMsg.uin = "guxuejiao";
        pMsg.sessionid = "10001";
    }
    NetworkManager.Instance.SendMsg(pMsg, (int)pMsg.msgid);
}
```

> **小提示**
>
> 这个消息的属性并非真实的属性，而是自定义的。

Step 04 刚刚发送的消息是登录的请求，服务器端返回的消息体包含 BS 服务器的地址。当收到这个消息时，调用相应的逻辑，在这里简单地打印了一句话。当客户端启动时，向服务器端发送消息。此时客户端接收到服务器端返回的消息并打印出来。如图 13-4 所示。

```
public void HandleNetMsg(System.IO.Stream stream, int n32ProtocalID)
```

第 13 章
Protocol Buffer 协议在游戏场景中的应用

```
{
    Debug.Log("n32ProtocalID" + (GSToGC.MsgID)n32ProtocalID);
    switch (n32ProtocalID)
    {
        case (Int32)LSToGC.MsgID.eMsgToGCFromLS_NotifyServerBSAddr:
                    OnNetMsg_ReadyConnectServer(stream);
                    break;
    }
}
void OnNetMsg_ReadyConnectServer(System.IO.Stream stream)
{
    Debug.Log(" 收到服务器地址，准备连接 ");
}
```

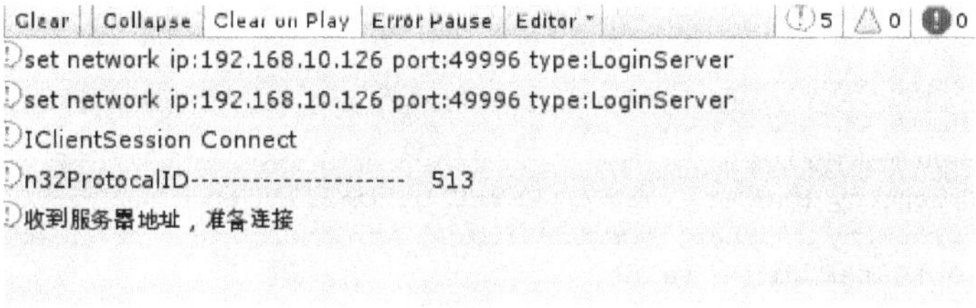

图 13-4

13.4　服务器端编译

上一节生成服务器框架部分安装 nodejs 的 ProtoBufjs 模块，会同时安装 PBtsh 和 PBjs 两个工具文件，下面通过命令行编译 GCToBS.proto 协议文件为 TypeScript 和 JavaScript 的格式。也可以通过命令行窗口执行 npm install prtobufjs -g 来安装 ProtoBufjs 相关的模块和工具。

编译方法如下。

Step 01　同时按下 Windows + R 组合键，打开运行窗口，一般显示在屏幕左下角。

Step 02　打开窗口，输入 cmd，单击"运行"按钮，进入命令行窗口模式。

Step 03　在当前工程中创建目录 proto，拖曳新下载的协议文件 GCToBS.proto 到 proto 目录中。

Step 04　在命令行窗口输入 pbjs -t static-module -w commonjs -o hokprotobuf.js proto\GCToBS.proto，按 Enter 键运行。

Step 05　dir 列表当前目录，增加了一个 hokprotobuf.js 文件。

Step 06 在命令行窗口输入 pbts -o .\hokprotobuf.d.ts hokprotobuf.js，按 Enter 键运行。

Step 07 dir 列表当前目录，增加了一个新文件 hokprotobuf.ts。

Step 08 从 vscode 中可以看到两个文件的内容。hokprotobuf.d.ts 内容如下：

```
{
...
    /**
     * Namespace GCToBS.
     * @exports GCToBS
     * @namespace
     */
    var GCToBS = {};

    /**
     * MsgID enum.
     * @name GCToBS.MsgID
     * @enum {string}
     * @property {number} eMsgToBSFromGC_Begin=32768 eMsgToBSFromGC_Begin value
     * @property {number} eMsgToBSFromGC_AskGateAddress=32769 eMsgToBSFromGC
       _AskGateAddress value
     * @property {number} eMsgToBSFromGC_OneClientLogin=32770 eMsgToBSFromGC
       _OneClientLogin value
     * @property {number} eMsgToBSFromGC_End=33000 eMsgToBSFromGC_End value
     */
    GCToBS.MsgID = (function() {
        var valuesById = {}, values = Object.create(valuesById);
        values[valuesById[32768] = "eMsgToBSFromGC_Begin"] = 32768;
        values[valuesById[32769] = "eMsgToBSFromGC_AskGateAddress"] = 32769;
        values[valuesById[32770] = "eMsgToBSFromGC_OneClientLogin"] = 32770;
        values[valuesById[33000] = "eMsgToBSFromGC_End"] = 33000;
        return values;
    })();
...
}
```

注：完整的源码参考项目源代码文件中的 hokprotobuf.d.ts 与 hokprotobuf.js 文件，此处仅作为展示，供读者了解。

Step 09 移动 hokprotobuf.js 文件到 dist\src\module 目录下，移动 hokprotobuf.d.ts 到 src\module 目录下。可以通过窗口来操作，也可以通过以下两条命令来执行。

```
mv hokprotobuf.js dist\src\moduel\
mv hokprotobuf.d.ts src\module\
```

Step 10 也可以通过执行工具目录的 makeprotots.bat 批处理命令来完成上述的功能，命令中包含了批量处理 proto 目录下所有协议文件，并将这些文件移动到相应的目录功能。代码如下所示。

第 13 章
Protocol Buffer 协议在游戏场景中的应用

```
package GCToLS;
enum MsgID
{
eMsgToLSFromGC_AskLogin = 40961;
}

[
    // 请求登录
    message AskLogin
    {
        optional MsgID msgid = 1[default = eMsgToLSFromGC_AskLogin]; // 消息编号
        optional uint32 platform = 2;    // 平台编号，默认为 10
        optional string uin = 3;
        // 用户 ID，1V1 的状态默认为自动登录，这个是随机生成的 GUID
        optional string sessionid = 4;    // 密码
    }
]

package GCToBS;
enum MsgID
{
eMsgToBSFromGC_OneClientLogin = 32770;    // 客户端登录，获取网关服务器信息
}

// 已换 GameAskGateAddress
[
    message OneClientLogin
    {
        optional MsgID msgid = 1 [default = eMsgToBSFromGC_OneClientLogin];
        optional string uin = 2;
        optional string sessionid = 3;
        optional uint32 plat = 4;
        optional uint32 login_success = 5;
        optional uint32 nsid = 6;
    }
]

package BSToGC;
enum MsgID
{
eMsgToCCFromBS_AskGateAddressRet = 203;              // 网关地址
eMsgToGCFromBS_OneClientLoginCheckRet = 204;         // 客户端登录检查
}

[
    // 收到如果成功，会有两条回复
    // 登录是否成功
    message ClientLoginCheckRet
    {
        optional MsgID msgid = 1 [default = eMsgToGCFromBS_OneClientLoginCheckRet];
        optional int32 loginsuccess = 2;         //1 表示登录成功，0 表示登录失败
    }

    // 如果上一条登录成功，那么继续返回这条消息
    message AskGateAddressRet
```

```
        {
            optional MsgID msgid = 1 [default = eMsgToGCFromBS_AskGateAddressRet];
            optional int32 gateclient = 2;      //gate 服务的编号
            optional string token = 3;          // 后续登录用的token
            optional string username = 4;       //用户名称
            optional int32 port = 5;            // 要登录的网关服务的端口
            optional string ip = 6;             // 要登录的网关服务的主机或者IP地址
        }
]

package GCToSS;
enum MsgID
{
eMsgToGSToSSFromGC_AskEnterBattle = 16386;
eMsgToGSToSSFromGC_AskMoveDir = 16387;
eMsgToGSToSSFromGC_AskStopMove = 16388;
eMsgToGSToSSFromGC_ReportBattleLoadingState = 16393;
eMsgToGSToSSFromGC_AskUseSkill = 16395;
    eMsgToGSToSSFromGC_AskLockTarget = 16396;
    eMsgToGSToSSFromGC_AskAutoAttack = 16406;
eMsgToGSToSSFromGC_AskTrySelectHero = 16505;
eMsgToGSToSSFromGC_AskSelectHero = 16506;
    eMsgToGSToSSFromGC_ReportLoadBattleComplete = 16520;
eMsgToGSToSSFromGC_AskHeroAttributesInfo = 16521;
}

package GSToGC;
enum MsgID
{
eMsgToGCFromGS_NotifyUserBaseInfo = 2;              //用户基本信息
eMsgToGCFromGS_NotifyHeroList = 7;                  //英雄列表
eMsgToGCFromGS_NotifyBattleBaseInfo = 8;            //战斗基本信息
eMsgToGCFromGS_NotifyBattleSeatPosInfo = 9;         //座位信息
eMsgToGCFromGS_NotifyBattleStateChange = 10;        //战斗状态改变
eMsgToGCFromGS_NotifyGameObjectAppear = 12;         //显示对象
eMsgToGCFromGS_NotifyGameObjectFreeState = 14;      //对象自由状态
eMsgToGCFromGS_NotifyGameObjectRunState = 15;       //对象跑动状态
eMsgToGCFromGS_NotifyGameObjectReleaseSkillState = 17;//对象释放技能状态
eMsgToGCFromGS_NotifyGameObjectDeadState = 18;      //对象死亡状态
eMsgToGCFromGS_NotifyBattleHeroInfo = 21;           //通知英雄信息
eMsgToGCFromGS_NotifySkillHitTarget = 25;           //技能击中目标
eMsgToGCFromGS_NotifyHPChange = 26;                 //血条改变
eMsgToGCFromGS_NotifyMPChange = 27;                 //能量改变
eMsgToGCFromGS_NotifyTryToChooseHero = 28;          //尝试选择英雄
eMsgToGCFromGS_NotifyChooseHeroTimeEnd = 29;        //选择英雄时间终止
eMsgToGCFromGS_NotifyHPInfo = 34;                   //HP信息
eMsgToGCFromGS_NotifyMPInfo = 35;                   //MP信息
eMsgToGCFromGS_NotifyHeroInfo = 36;                 //英雄信息
eMsgToGCFromGS_NotifySkillInfo = 39;//技能信息 包含技能ID 冷却时间  英雄ID guid
eMsgToGCFromGS_NotifyGameObjectReleaseSkill = 67;       //通知释放技能
eMsgToGCFromGS_NotifySkillModelEmit = 69;               //特效技能
eMsgToGCFromGS_NotifySkillModelEmitDestroy = 70;        //清除特效
eMsgToGCFromGS_NotifySkillModelHitTarget = 71;          //技能受击
eMsgToGCFromGS_NotifySkillModelRange = 72;              //范围技能
eMsgToGCFromGS_NotifySkillModelRangeEnd = 73;           //范围技能结束
```

```
eMsgToGCFromGS_NotifySkillModelBufEffect = 76;           //buff 效果
eMsgToGCFromGS_NotifySkillModelStartForceMoveTeleport = 80; // 移动传输
}
```

13.5 批量处理协议的命令行文件编写

以上都是处理单条数据的方法，接下来介绍批量生成结构化数据的方法。bat 文件是 DOS 下的批处理文件。批处理文件是无格式的文本文件，它包含一条或多条命令。它的文件扩展名为 .bat 或 .cmd。在命令提示下输入批处理文件的名称，或者双击该批处理文件，系统就会调用 cmd.exe 文件，按照该文件中各个命令出现的顺序来逐个运行它们。使用批处理文件（也被称为批处理程序或脚本），可以简化日常或重复性任务。在这里，使用批处理文件来自动生成 proto 文件的数据结构。下面就来介绍批处理文件的命令。

◎ echo 命令

打开回显或关闭请求回显功能，或显示消息。如果没有任何参数，echo 命令将显示当前回显设置。代码如下所示。

```
Sample: @echo off / echo hello world
```

◎ @ 命令

@ 命令表示不显示 @ 后面的命令，在入侵过程中（例如使用批处理来格式化敌人的硬盘）自然不能让对方看到你使用的命令。代码如下所示。

```
Sample: @echo off
```

◎ goto 命令

该命令指定跳转到标签，找到标签后，程序将处理从下一行开始的命令。代码如下所示。

```
Sample: if %选择%==1 goto yes(标签)
        if %选择%==2 goto no(标签)(如果读不懂这里的 if、%1、%2 的话，先跳过去，
后面会有详细的解释。)
        :yes
        echo '将要删除以前生成的文件...'
        :no
        goto end
```

> **注意**
>
> 标签的名字可以随便起,但最好是有意义的词。词前加个":"用来表示这个字母是标签。goto 命令就是根据这个":"来寻找下一步跳到那里。最好有一些说明,这样别人看起来才能理解。

◎ rem 命令

rem 为注释命令,在 TypeScript 语言中相当于 /————/,它并不会被执行,只是起一个注释的作用,便于别人阅读和用户自己日后修改。代码如下所示。

```
Sample: @Rem Here is the description
```

◎ pause 命令

运行 Pause 命令时,将显示下面的消息:

```
Press any key to continue...
```

pause 命令会使程序挂起,按任意键继续处理。

◎ call 命令

call 命令的作用是从一个批处理程序调用另一个批处理程序,并且不终止父批处理程序。call 命令接受用作调用目标的标签。如果在脚本或批处理文件外使用 call,它将不会在命令行起作用。

◎ if 命令

if 表示将判断是否符合规定的条件,从而决定执行不同的命令。if 命令有 3 种格式。

- if "参数" == "字符串" 待执行的命令

参数如果等于指定的字符串,则条件成立,运行命令,否则运行下一句(注意是两个等号)。代码如下所示。

```
sample: if "%1"=="a" format a:
        if {%1}=={} goto noparms
        if {%2}=={} goto noparms
```

- if exist 文件名 待执行的命令

如果有指定的文件,则条件成立,运行命令,否则运行下一句。代码如下所示。

```
sample: if exist config.sysedit config.sys
```

- if errorlevel / if not errorlevel 数字 待执行的命令

如果返回值等于指定的数字，则条件成立，运行命令，否则运行下一句。代码如下所示。

```
sample: if errorlevel 2 goto x2
```

> **注意**
>
> DOS 程序运行时都会返回一个数字给 DOS，称为错误码 errorlevel 或称返回码，常见的返回码为 0、1。

◎ set /p 命令

set 的主要作用是赋值。代码如下所示。

```
sample: set /p a=promptstring
```

> **说明**
>
> 先显示 promptstring，再接受用户输入的内容，以回车表示结束，赋值给变量 a。

◎ del 命令

del 命令表示删除一个或多个文件。代码如下所示。

```
sample: del d:\123\abc.txt    删除 abc.txt
       /p 删除每一个文件之前提示确认。
sample: del /p d:\123\*.*
```

> **说明**
>
> 删除 d:\123 目录下所有文件，如果想让它每次在删除前都询问你是否删除，可以加上 /p 参数，防止误删除。

```
/s 从所有子目录删除指定文件。
sample: del /s d:\123\*.*
```

> **说明**
>
> 删除 d:\123 目录及其子目录下所有文件，通过使用 /s 参数后，del 命令就会在指定目录（如未指定则在当前目录）及其子目录中搜索所有指定文件名的文件并删除。

```
/q 安静模式。在删除全局通配符时，不要求确认。
sample: del /s /q d:\123\*.*
```

> **说明**
>
> 删除 d:\123 目录及其子目录下所有文件。通过 /q 参数则无须确认直接删除，在使用此参数时要小心。

/a 根据属性选择要删除的文件。
```
sample: del /ar /s d:\123\*.*
```

> **说明**
>
> 删除 d:\123 目录及其子目录下所有只读属性的文件。这里通过 /a：attributes 参数对指定属性的文件选择删除。文件属性 attributes，可选的有 r(只读)、s(系统)、h(隐藏)、a(存档)。

13.6 生成 PB 文件完整批处理脚本

上一节介绍了批处理命令，也提到了会用 bat 文件自动生成 PB 数据结构，以便提高效率，现在就利用已经掌握的命令生成一个 PB 数据文件。打开工程，并在工程文件的 tools 文件夹下创建 **makeprotots.bat** 文件，写入下列内容。

```
@echo off
:菜单
cls
echo ==================================================
echo         继续执行将会删除以前生成的文件，是否继续？
echo 1.是
echo 2.否
echo.
set /p 选择=请进入命令：
if %选择%==1 goto yes
if %选择%==2 goto no

:yes
echo '将要删除以前生成的文件...'
del src\module\hokprotobuf.d.ts
del dist\src\module\hokprotobuf.js
echo '生成文件 hokprotobuf.js...'
call pbjs -t static-module -w commonjs -o hokprotobuf.js proto/*.proto
echo '开始生成 ./src/module/hokprotobuf.d.ts...'
call pbts -o ./src/module/hokprotobuf.d.ts hokprotobuf.js
echo '生成 hokprotobuf.d.ts [OK]'
move hokprotobuf.js ./dist/src/module/
echo '移动 js 文件到 ./dist/src/module/hokprotobuf.js [OK]'
```

```
echo '脚本执行 [OK]'
goto end

:no
goto end

:end
```

保存好当前的 bat 脚本，然后通过命令行（node ./tools/makeprotots.bat）执行此文件，执行完成后会在 module 文件夹下生成一个 hokprotobuf.d.ts 脚本，在这个脚本中存放了所有 PB 协议中的数据结构，可以直接使用此结构。

接下来看一个消息通信小案例。

在工程的 module 文件夹下已经包含 proto 文件夹，在 proto 文件夹下创建协议处理文件，例子中包含了一个 sample.proto 示例。

通过框架进行通信的所有消息体格式必须包含 MsgID 这样的 enum 类型，每个需要在通信中使用的消息体必须包含 MsgID 类型的字段 msgid。代码如下所示。

```
package sample;
// 定义消息的编号，每个文件必须包含MsgID这个enum类型，内部包含的MsgID不能相同
enum MsgID
{
    MsgID_HelloWorld = 1;  // 消息编号
}

// 测试消息体
message HelloWorld
{
    required MsgID msgid = 1 [default = MsgID_HelloWorld];    // 消息编号，
    default = MsgID_HelloWorld很重要
    optional string username = 2;
    optional string say = 3;
}
```

框架中自带 Prototocol Buffer 协议支持，只要打开相应配置文件开关即可。修改 conf 目录下的配置文件 hok.conf。

* 设置 ProtoBuf 节下面的字段 use 为 true。
* 依次把协议文件名 GCToBS.proto 和 BSToGC.proto 扩展名去掉，放进 proto 中。如图 13-5 所示。

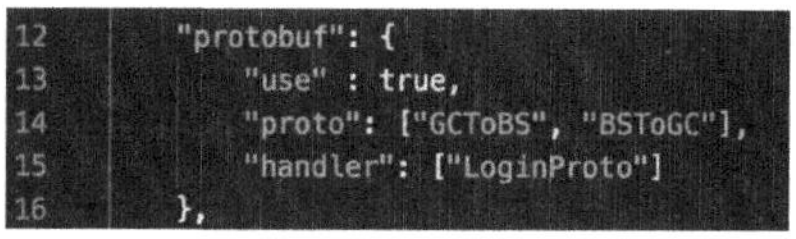

```
12      "protobuf": {
13          "use" : true,
14          "proto": ["GCToBS", "BSToGC"],
15          "handler": ["LoginProto"]
16      },
```

图 13-5

* 在 proto 文件夹下增加登录处理文件 loginproto.ts，文件内添加消息处理类 LoginProto，添加登录处理函数 on$$OneClientLogin。为了方便对所有的请求消息进行统一管理，在处理请求消息时采取统一的命名方法，即 "on$$消息名" 命名法。有了这样的命名规定之后，只需把包含有这样命名方法的类对象取出来，并作为参数传递到下面的方法中，最后在协议管理类中初始化该方法即可。所以上述函数名是由两部分内容组成，其中 on$$ 是固定前缀，OneClientLogin 是登录消息对应的消息名，代码如下所示。

```
import { HOKClient } from "../hokclient";
import { GCToBS } from "../hokprotobuf";
import { myLogger } from "../../common/mylogger";

export class LoginProto {
    // 客户端过来的登录消息处理函数
    public on$$OneClientLogin(message: GCToBS.OneClientLogin, client:
    HOKClient): number {
        myLogger.log('receive OneClientLogin message.');
        return 0;
    }
}
```

module 文件夹 ProtoManager 处理类实现对消息初始化和分发功能。

13.7 实例讲解

本小节利用 PB 协议通信模拟登录。

13.7.1 模拟客户端

在 test 文件夹下创建一个 testclient.ts 文件，并写入下列模拟客户端代码。

```
// 导入模块
import * as ProtoBuf from 'protobufjs';
import * as TCP from 'net';
import { GCToCS, GCToLS } from '../src/module/hokprotobuf';
import { myLogger } from '../src/common/mylogger';

class TestClient {
    // 创建一个 Client 客户端
```

```typescript
    client: TCP.Socket;
    // 构造函数
    constructor() {
        // 初始化 client
        this.client = null;
    }
    main() {
        //Client 与 Server 建立连接
        if (!this.client) {
            this.connect();
        }
    }
    // 发送请求登录信息协议数据
    sendData() {
        let login = GCToCS.Login.create();// 创建协议消息对象
        // 定义消息传输数据
        login.name = '1';    // 用户名
        login.passwd = '1';  // 密码
        login.platform = 10;// 登录平台
        login.sdk = 0;//sdk
        let buffer =  GCToCS.Login.encode(login).finish();// 消息编码
        let msg = <Message>{
            length: buffer.length,
            msgtype: GCToLS.MsgID.eMsgToLSFromGC_AskLogin,
            msg: buffer
        };
        myLogger.warn(GCToCS.Login.decode(buffer));
        // 发送消息
        this.send(msg);
    }
    // 发送消息函数
    send(message: Message):any {
        let buf = Buffer.alloc(message.length + 8);// 创建缓存区域
        buf.writeInt32LE(message.length+8, 0);    // 写入消息长度
        buf.writeInt32LE(message.msgtype, 4);      // 写入消息类型
        message.msg.copy(buf, 8, 0, message.length); // 把消息长度 Copy 到消息体中
        this.client.write(buf);// 发送消息
    }
    // 与服务器建立连接
    connect() {
        // 连接本机服务器
        this.client = TCP.connect({host: "127.0.0.1", port: 49996}, ()=>{
            setTimeout(()=>{
                // 延时 300 毫秒发送数据
                this.sendData();
            }, 300);
        });
    }
}

new TestClient().main();
```

在此客户端中只写了发送数据的部分,并没有处理后续接收消息的部分。

13.7.2 服务器消息接收

首先，在 module 文件夹的 proto 文件夹下创建 loginproto.ts 文件。

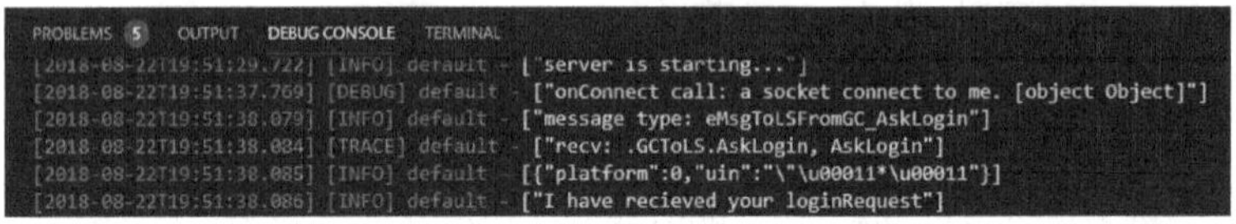

其次，创建 LoginProto 类，并创建 "on$$ + 协议名" 的函数。以请求登录为例进行介绍。在这里，只是接收到了消息，但并没有做应答处理，仅以输出 I have recieved your loginRequest 为模拟应答处理结果。代码如下所示。

```
public on$$OneClientLogin(message: any, client: HOKClient) {
    myLogger.log("I have recieved your loginRequest");
}
```

下面，来测试通信结果。找到 launch.json 文件，将程序入口函数改为：

```
"program": "${workspaceRoot}/dist/main.js",
```

按 F5 键，启动服务器，在 TERMINAL 终端窗口单击分屏按钮新开一个界面，输入下列命令，按 Enter 键，启动客户端。

```
node ./dist/test/testclient.js
```

在 DEBUG CONSOLE 调试窗口下，可以看到如图 13-6 所示的结果，服务器接收到了客户端发来的 AskLogin 消息，并做出了 I have recieved your loginRequest 应答。

图 13-6

本章任务

- 了解 Protocol Buffer 工作原理。
- 掌握如何使用 Protocol Buffer 工具生成客户端 C# 语言交互数据格式。
- 掌握如何使用 Protocol Buffer 工具生成服务器端 JS 语言交互数据格式。
- 调通 PVE 游戏中所有客户端与服务器通信协议。

在任务过程中，如遇到问题，请读者参考视频教程（http://www.insideria.cn/course/608/tasks）或者在开发论坛中（http://www.insideria.cn/group/5）沟通交流。

第 14 章

账户验证模块

本章内容

服务所涉及的功能模块到第 13 章就结束了，从这一章开始正式进入游戏业务逻辑模块的介绍。对于 MOBA 类游戏来说，从游戏流程来看，可以把整个游戏分为登录模块、游戏大厅模块、匹配模块、英雄选择模块、战斗模块、结算模块这六大部分，这与客户端部分是相互对应的。

知识要点

- 通过 Session 验证用户。
- socket 验证的保持。
- md5 的使用。

14.1 登录模块

客户端主要进行的是游戏界面与消息数据的处理，而服务器端部分主要负责游戏逻辑功能的实现。在这一章，先介绍登录模块。服务器对于用户登录的处理与客户端的处理方式正好相反。对于服务器来说，登录可分为 3 个过程：接收到客户端发来的登录请求消息并同意登录；当接收到进入游戏的请求时，需要先根据数据消息检测用户是否登录成功；对用户数据合法性进行验证。

在工程中找到 src/module/proto 下的 loginproto.ts 文件，之后的操作都在此文件中执行。

在用户登录过程中，又可以把它分为两个阶段。一是客户端请求登录，二是应答请求信息。这是因为在服务器执行过程中，推动游戏向前运行的是消息机制。所以，无论处于哪个阶段，首先要收到客户端发来的请求，这也是程序运行的入口；其次，针对请求处理逻辑关系并返回相应的消息。在这两个过程中，通过调用配置管理器中自动化生成的服务器数据信息，并把数据信息打包后传输给客户端，等待验证。

14.1.1 接收请求

在这里，只需要修改之前的请求登录函数即可，重写对应的应答部分。代码如下所示。

```
// 处理客户端发送的登录请求消息
public onRequestAskLoginMethod(message: any, client: HOKClient) {
    // 向客户端返回服务地址消息
    this.notifyServerBSAddr(client);
}
```

14.1.2 应答请求

本阶段的代码如下所示。

```
// 把服务器名称、地址、端口打包发送给客户端
public notifyServerBSAddr(client: HOKClient) {
    // 通过配置文件获取服务列表
    let serverList: any[] = ConfigManager.getInstance().getGameClientConfigData(GameClientConfigSection.SERVERLIST);
```

```
    // 设置消息内容
    let msg = LSToGC.ServerBSAddr.create();
    serverList.forEach(serverInfo => {
        let [addr, host] = serverInfo.addr.split(':');
        msg.serverinfo.push({
            ServerName: serverInfo.name,
            ServerAddr: addr,
            ServerPort: parseInt(host)
        });
    });

    // 调用 ProtoManager 中的发送信息函数，向客户端发送消息
        ProtoManager.getInstance().postClientDirectMessage(client, msg,
LSToGC.ServerBSAddr);
    }
```

14.2 登录成功验证

当用户完成登录操作之后，必须先来检测用户是否成功连接到服务器。由于需要获取数据库中的数据进行验证，会延长处理时间，影响程序执行效率，因此，这里采用了 async/await 异步处理函数，也就意味着该验证函数的执行不会阻塞后面代码的执行。

```
    // 通过数据库中的数据检测用户数据是否存在
    private async onRequestOneClientLoginMethod(message: any, client:
HOKClient) {
        // 设置消息内容
        let msg = BSToGC.ClientLoginCheckRet.create();
        msg.loginsuccess = 1;

        // 检测数据库中是否存在当前用户数据
        await DBManager.getInstance().checkUser(message.uin, message.
sessionid).then((data) => {
            client.setuId(data.id);
            msg.loginsuccess = 1;
        }).catch(e => {
            msg.loginsuccess = 0;
            myLogger.error(e.message);
        })

        // 调用 ProtoManager 中的发送信息函数，向客户端发送信息
        ProtoManager.getInstance().postClientDirectMessage(client, msg,
BSToGC.ClientLoginCheckRet);
        // 如果通过检测，则向客户端发送服务器地址信息及验证信息
        if (msg.loginsuccess == 1) {
            this.askGateAdressRet(message, client);
        }
```

```
        }
        // 向客户端返回服务器地址信息及验证信息
        private askGateAdressRet(messageData: any, client: HOKClient): void {
            // 获取消息内容
            let token = Utils.md5('${new Date().getTime()}:${messageData.uin}');
            let serverList: string[] = ConfigManager.getInstance().getGameClientC
onfigData(GameClientConfigSection.GATESERVERLIST);
            let [ipAdress, port] = serverList[0].split(':');
            // 设置消息内容
            let msg = BSToGC.AskGateAddressRet.create();
            msg.ip = ipAdress;
            msg.port = parseInt(port);
            msg.username = messageData.uin;
            msg.token = token;
            let ip = client.getSocket().remoteAddress;
            if (!ip) {
                ip = '';
            }
            // 添加验证数据，验证用户合法性时会用到此数据
            SessionManager.getInstance().addData(messageData.uin, token, ip,
client.getuId());
            // 调用 ProtoManager 中的发送信息函数，向客户端发送信息
            ProtoManager.getInstance().postClientDirectMessage(client, msg,
BSToGC.AskGateAddressRet);
        }
```

14.3 账号合法性验证

用户登录并连接到服务器之后，还需要对用户的合法性进行验证，即验证当前用户的用户名与密码是否匹配。只有通过合法性验证的用户才能进入游戏中，否则会断开与服务器的连接。当合法性验证通过后，服务器还需要把当前用户相关的数据信息发送给客户端。在账号合法性验证的处理上，要考虑等待时间过长可能会造成线程阻塞的问题，所以同样采取了异步处理函数的操作。代码如下所示。

```
    // 用户合法性验证处理函数
    public async onRequestLoginMethod(messageData: any, client: HOKClient) {
        // 判断用户数据是否存在
        let ret = await UserManager.getInstance().userAskLogin(messageData,
client);
        if (ret!=0) {
            myLogger.log('登录或者创建用户失败');
            return;
```

第 14 章
账户验证模块

```
    }
    // 获取连接的 IP 地址
    let ip = client.getSocket().remoteAddress;
    if (!ip) {
        ip = '';
    }
    // 验证用户合法性,如果合法,则向客户端发送与当前用户相关的数据信息,否则发送登录失败
    let uid = SessionManager.getInstance().verifyToken(messageData.name, messageData.passwd, ip);
    if (uid > 0) {
        client.setuId(uid);
        await this.notifyUserBaseInfo(messageData, client);
    } else {
        let msg = BSToGC.ClientLoginCheckRet.create();
        msg.loginsuccess = 0;
        // 调用 ProtoManager 中的发送信息函数,向客户端发送信息
            ProtoManager.getInstance().postClientDirectMessage(client, msg, BSToGC.ClientLoginCheckRet);
    }
}

// 向客户端发送与当前用户相关的数据信息
private async notifyUserBaseInfo(messageData: any, client: HOKClient) {
    let gameData = await DBManager.getInstance().readGameData(messageData.name);
    if (gameData) {
        let gameUser = gameData.user;
        if (gameUser) {
            // 创建用户基础信息消息
            let msg = GSToGC.UserBaseInfo.create();
            // 设置消息体内容
            msg.guid = Number.parseInt(gameUser.objId.toString());
            msg.name = gameUser.objCDKey;
            msg.nickname = gameUser.objName;
            msg.headid = gameUser.objHeadId;
            msg.sex = gameUser.objSex;
            msg.curscore = gameUser.objScore;
            msg.curdiamoand = Number.parseInt(gameUser.objDiamond.toString());
            msg.curgold = Number.parseInt(gameUser.objGold.toString());
            msg.mapid = 0;
            msg.ifreconnect = false;
            msg.battleid = 0;
            msg.level = gameUser.objLV;
            msg.viplevel = gameUser.objVIPLevel;
```

```
                msg.vipscore = gameUser.objScore;
                msg.curexp = gameUser.objCurLevelExp;
                // 调用 ProtoManager 中的发送信息函数，向客户端发送信息
                    ProtoManager.getInstance().postClientDirectMessage(client,
msg, GSToGC.UserBaseInfo);
            }
        }
        return Promise.resolve;
    }
```

本章任务

☐ 实现用户账号登录功能。

☐ 实现是否登录验证。

☐ 实现账号合法性验证功能。

在任务过程中，如遇到问题，请读者参考视频教程（http://www.insideria.cn/course/608/tasks）或者在开发论坛中（http://www.insideria.cn/group/5）沟通交流。

第15章

游戏匹配机制

本章内容

用户启动游戏前,需要找到对应的玩家一起来游戏,游戏模式通过调整配置文件实现,并调整服务支持1V1的战斗模式,这样玩家只需要匹配另外一个用户就可以进入游戏了。服务器通过设置好的匹配规则来进行配对,如果超过配置时间仍然没有新的玩家加入,服务器自动产生一个机器人来与之配合,这个匹配的规则涉及人人和人机两种不同的方式。

知识要点

- 可控随机数字的实现。
- 二分法的思想及实现。
- 数据的容错处理技术。

要想进入战斗场景，首先需要匹配队友。本章就来介绍如何实现队友的匹配。匹配是有流程的，如图 15-1 所示。

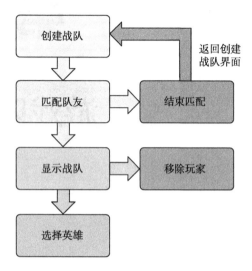

图 15-1

当在客户端单击"匹配战斗"按钮时，由于服务器需要知道用户的相关信息以及所选战斗地图的相关信息，所以需要先创建战队，把相关信息从数据库以及配置文件中加载进来。接下来，进入匹配队友阶段。对战分两种，一种是 PVC（人机对战），一种是 PVP（人人对战），这里以人机对战为例进行介绍。在匹配队友这一阶段，通过定时器加载机器人的方式实现匹配队友功能。为了程序的完整性以及考虑到玩家在游戏过程中的所有需求，当匹配中途产生不想继续游戏的想法时，不能让玩家强制退出游戏，于是设置了结束匹配的功能。匹配完成之后，要把匹配到的玩家展示出来，让每一个玩家都能看到队友及敌方，所以就多了显示战队的过程。在匹配过程中，由于一些突发情况，比如对匹配到的队友不满意，作为房主有权把他移出战队，所以附加了移除玩家的功能。把队友匹配好之后，进入正式环节——战斗环节。进入这一环节，要完成英雄的选择这一大功能。

在匹配过程中，除了上述的常规流程之外，在游戏过程中可能会发生连接中断的情况。为了应对这一问题，也同样做了断线重连功能，即重新进入匹配房间的功能，并为玩家创建新的战斗场景。

对于每一流程中的功能逻辑部分的实现，读者可以通过视频进行学习。在本章中，主要介绍随机数的产生、二分查找法以及数据的容错处理等内容。

第 15 章 游戏匹配机制

15.1 随机数的产生

在匹配过程中观察到，每间隔几秒就会加入一个队友，要实现这样的功能，最重要的一点就是产生随机数。

为了后续在产生随机数时使用方便，就把随机函数写入 Utils 工具类中。在 TypeScript 语法中，通过 Math 类中的 random 函数可以产生 0～1 之间的任意数，而实际需要的并不是这样的随机数，并且一般情况下要的是整数，因此要改变它的最大值与最小值。下面就来看如何把 random 函数产生的随机数值转换成符合需要的数值。

```
// 传值：把产生随机数范围的最大 / 最小值传入函数中
static randNumber(min: number, max: number): number {
    // 改值：首先把 Math.random() 产生的随机数的范围扩大 (max - min) 倍；其次再加上
最小值，产生的随机数变到了最小值与最大值之间；最后再对产生的随机数四舍五入后向下取整
    return Math.floor((max - min) * Math.random() + min + 0.5);
}
```

15.2 二分算法

在玩家加入房间的过程中，采取了二分法的操作，控制队友加入的时间间隔。

二分查找是将所给关键词和指定有序集合中间数进行比较，如果相等则返回结果，如果不相等，则按照所给出的结果，将集合减半后继续查找。为了后续在产生随机数时使用方便，把随机函数写入 Utils 工具类中。代码如下所示。

```
// 二分查找（折半查找）
static BinarySearch(array: Array<number>, value: number, min: number, max: number) {
    let low = min;
    let high = max - 1;
    let mid: number;
    while(low <= high)
    {
        mid = Math.floor((low+high) / 2);
        if(array[mid] == value)
            return mid;
        if(array[mid]>value)
```

```
            high = mid - 1;
        if(array[mid])
            low = mid + 1;
    }
    return -1;
}
```

15.3 数据容错处理

在战场创建的过程中，最重要的部分就是从配置文件中读取出所需的地图数据。虽然在配置代码生成器中已经获取到了配置数据，但是配置中的一些字段设置与实际的代码设置是不相符的，因此要对获取到的数据进行重新加载，并采取了容错处理的方式，避免在读取数据的过程中发生字段书写错误而获取不到数据的情况，然后把获取到的数据放到对应的 Map 中。

采用容错处理方式读取数据的过程分为四步操作，被称为"四步读取法"。

第一步，通过配置文件生成器，自动化把所有的 XML 文件转化成 ts 文件，也就是把每个文件都转换成了对应的类，并获取到 XML 文件中的所有节点和数据并存储在 Map 中。

第二步，对应定义字段类型相同的接口，并设置一个此接口类型的变量，给字段赋值。

第三步，定义一个与保存 XML 文件数据类型相同的 Map，并把第二步中获取到的数据添加到 Map 中。至此，完成了数据的加载。

第四步，需要获取到第三步中定义的 Map 中的数据，可以通过一个函数把当前 Map 作为返回值，这样就完成了数据的加载与获取功能。

下面介绍如何加载地图中的数据，以加载地图中的一些基础数据信息，包括箭塔、士兵等相关的数据信息为例。

首先，找到 module 下的 configmanager.ts 文件。在这里，已经通过代码生成器生成了 _autoSoldierBaseConfig 变量，存储着箭塔、士兵的相关数据。

其次，定义一个数据类型与上述变量相同的 Map 变量 _mapSoldierConfig，并在构造函数中创建对应对象。

再次，创建一个 loadMapBaseInfo 函数，将 _autoSoldierBaseConfig 中的数据存储到新定义的 _MapSoldierConfig 中。

具体代码如下所示。

第 15 章
游戏匹配机制

```typescript
    private loadMapBaseInfo() {
        // 遍历 _autoSoldierBaseConfig 中的 _mapInfo
        for (let [mapId, infos] of this._autoSoldierBaseConfig._mapInfo.entries()) {
            // 由于 infos 是一个数组,因此还需要变量 infos
            for (let info of infos) {
                // 创建一个代码生成器中对应生成的接口类型
                let config = <IMapSoldierConfig>{};
                // 获取路径 ID 值
                let pathId = Number.parseInt(<any>info.WayID);
                // 获取建筑物的索引
                config._baseBuildIdxCfg = Number.parseInt(<any>info.BaseID);
                // 获取士兵的总数
                config._totalSolderCfg = Number.parseInt(<any>info.BatmanTotal);
                // 获取产生士兵的时间间隔
                config._solderTimeSpaceConfig = Number.parseInt(<any>info.BatchBatmanInterval);
                // 获取单次产生士兵的时间间隔
                config._everyTimeSpace = Number.parseInt(<any>info.SingleBatmanInterval);
                // 对于获取子对象下的子对象,首先需要先把子对象创建出来
                config._mChariotSolderConfig = <IBornChariotConfig>{};
                // 获取士兵出生次数
                config._mChariotSolderConfig._charSolderBornTimes = Number.parseInt(<any>info.SiegeVehicles);
                // 获取士兵编号
                let solderStr = info.BatmanID;
                let strArray = solderStr.split(',');
                config._soldierIdxCfg = new Array<number>();
                for (let vecStr of strArray) {
                    config._soldierIdxCfg.push(Number.parseInt(vecStr));
                }
                // 获取士兵索引
                config._mChariotSolderConfig._chariotSolderIdx = Number.parseInt(<any>info.SiegeVehiclesID);
                // 获取超级兵编号
                let superStr = info.SuperBatmanID;
                let strList = superStr.split(',');
                let iconfig = <ISuperSoldierConfig>{};
                iconfig._superSolderIdx = new Array<number>();
                for (let str of strList) {
                    iconfig._superSolderIdx.push(Number.parseInt(str));
                }
                config._mSuperSolderConfig = iconfig;
                // 获取出生方向
                config.bornDirCfg = this.splitDataToVector(info.BatmanOrientation, 1);
                // 获取箭塔索引
                let altarStr = info.SuperBatmanAltar;
```

```
                let altarStrList = altarStr.split(',');
                config._mSuperSolderConfig._altarIdx = new Array<number>();
                for (let str of altarStrList) {
                        config._mSuperSolderConfig._altarIdx.push(Number.parseInt(str));
                }
                // 获取超级兵路径
                config._mSuperSolderConfig._pathId = info.SuperBatmanWay;
                // 获取出生位置
                    config.bornPosCfg = this.splitDataToVector(info.SoliderBornPoint, 1);
                // 将数据存放到 _mapSoldierConfig 中
                let itr = this._mapSoldierConfig.get(mapId);
                if (itr) {
                    if (!itr.get(pathId)) {
                        itr.set(pathId, config);
                    } else {
                        myLogger.error('the same mapid:${mapId}, path:${pathId}');
                    }
                } else {
                    let item = new Map<number, IMapSoldierConfig>();
                    item.set(pathId, config);
                    this._mapSoldierConfig.set(mapId, item);
                }
            }
        }
    }
```

最后，在 initializ 初始化函数中调用上述加载函数。这样，在启动服务器时，就会先加载这些数据，当需要使用时，只要添加一个获取函数，将 _mapSoldierConfig 作为返回值 return 回去即可。

在任务过程中，如遇到问题或详细逻辑学习，请读者参考视频教程（http://www.insideria.cn/course/608/tasks）或者在开发论坛中（http://www.insideria.cn/group/5）沟通交流。

第 16 章

游戏节奏的控制与 AI 算法

本章内容

　　游戏开始的准备工作已经完成。本章是本书最精彩的战斗场景部分内容的介绍，整个游戏的核心就体现在战斗部分的处理。相比于其他章节，本章精华内容也是最多的，读者学好本章可以为是游戏开发打下良好的基础。

　　战斗场景中涉及的内容繁多，这里选取重点且难理解、难设计的部分进行讲解，技术要点包括 JavaScript 定时器用法、A* 寻路算法、AI 行为树以及技能模块的架构。具体的游戏业务逻辑，包括 AIRobot 的英雄选择功能、战场的加载功能、英雄信息显示、英雄移动处理、技能的实现以及装备模块具体实现，读者可以下载源代码并通过视频进行学习。

知识要点

- 制作 JavaScript 定时器。
- A* 寻路算法思想及逻辑实现。
- 行为树思想并实现简单行为树。
- 技能攻击思想。

当游戏客户端收到 AskEnterBattle 应答时，游戏切换到了战斗状态。

在战斗状态中，根据玩家所处的阶段不同，使用一个小的状态机，包括选英雄状态、选符文状态、战斗加载状态以及游戏状态四部分。一般情况下，服务器都会通过与客户端进行交互，根据客户端和服务器自身进行到的过程状态，来进行状态的调整。对于与客户端无交互的部分也就是刚刚提到的状态切换问题又该如何处理呢？服务器采用了定时处理驱动的方法，定时检测玩家当前所处的状态，从而实现对应的逻辑功能。这一章，分两大部分：第一部分是状态机的切换部分，采取定时驱动的方法，把所需的场景以及界面加载出来；第二部分是当进入该状态所对应的界面时，采取消息驱动的方式，对接收到的消息进行逻辑处理，从而实现其功能。如图 16-1 所示。

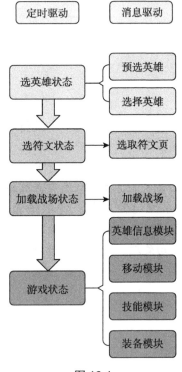

图 16-1

左侧为由定时驱动的状态机切换部分，右侧为进入每一状态所对应消息驱动的功能部分。

战场的创建是通过定时器驱动来实现的，定时驱动是战斗场景的主要处理线索，下面就来介绍定时器的实现原理与设计理念。

第 16 章 游戏节奏的控制与 AI 算法

16.1 制作 JavaScript 定时器

16.1.1 JavaScript 定时器工作原理

JavaScript 内置了两个定时器，一个是 setTimeout，另一个是 setInterval。下面将由浅入深来讲解一下定时器的工作原理。

16.1.1.1 setTimeout 定时器

◎ 定义

在指定的延迟时间之后调用一个函数或执行一个代码片段。

◎ 语法

```
let timeID = setTimeout(func, delay);
```

第一个参数 func 为回调函数，第二个参数 delay 为延时的时间，setTimeout 方法的返回值是一个数字，为该定时器的 ID，这个 ID 是定时器的唯一标识，用 clearTimeout(timeID) 可以消除该定时器。

16.1.1.2 setInterval 定时器

◎ 定义

周期性地调用一个函数（Function）或者执行一段代码。

◎ 语法

```
let timeID = setInterval(func, delay);
```

第一个参数为回调函数，第二个参数为延时的时间。setInterval 方法的返回值是一个数字，为该定时器的 ID，这个 ID 是定时器的唯一标识，用 clearInterval(timeID) 可以消除该定时器。

由于 JavaScript 的事件循环机制，导致第二个参数并不代表延迟 delay 毫秒之后立即执行回调函数，而是尝试将回调函数加入事件队列。setTimeout 和 setInterval 在这一点上的处理又存在区别：

setTimeout——延时 delay 毫秒之后，直接将回调函数加入事件队列。

setInterval——延时 delay 毫秒之后，先看看事件队列中是否存在还没有执行的回调函数（setInterval 的回调函数），如果存在，就不再往事件队列里添加回调函数了。

所以，当代码中存在耗时的任务时，定时器并不会表现得如我们所想的那样。

16.1.1.3 实例讲解

◎ setTimeout 实例一

具体操作步骤如下。

Step 01 创建一个 test.ts 文件，并创建一个 Test 类，测试下列代码。

```
class Test {
    now(): number {
        return new Date().getTime();
    }
    main() {
        let start = this.now();
        setTimeout(()=>{
              console.log(' 第一个 setTimeout 回调执行等待时间: ${this.now() -
start}');
            let start2 = this.now()
            setTimeout(()=>{
                console.log(' 第二个 setTimeout 回调执行等待时间: ${this.now()
- start2}');
            },100)
        }, 100);
    }
}
new Test().main();
```

Step 02 打开 launch.json 文件，在配置中加入此 "program": "${workspaceRoot}/dist/test/test.js"，配置选项，如图 16-2 所示。

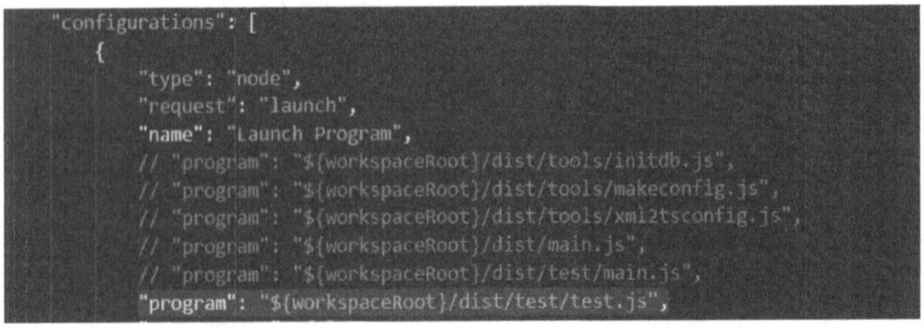

```
"configurations": [
    {
        "type": "node",
        "request": "launch",
        "name": "Launch Program",
        // "program": "${workspaceRoot}/dist/tools/initdb.js",
        // "program": "${workspaceRoot}/dist/tools/makeconfig.js",
        // "program": "${workspaceRoot}/dist/tools/xml2tsconfig.js",
        // "program": "${workspaceRoot}/dist/main.js",
        // "program": "${workspaceRoot}/dist/test/main.js",
        "program": "${workspaceRoot}/dist/test/test.js",
```

图 16-2

Step 03 按 F5 键，测试程序。如图 16-3 所示。

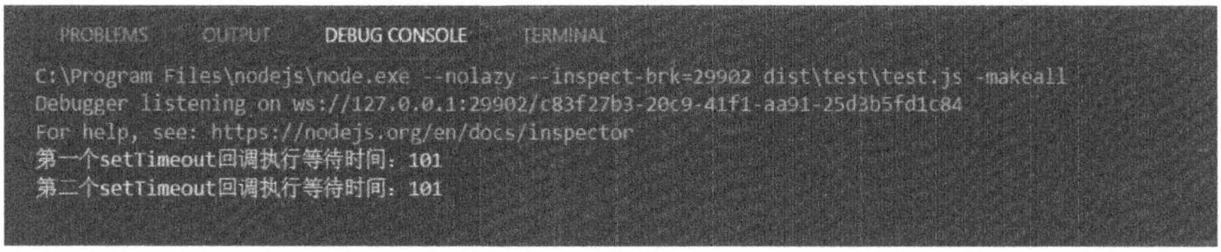

第 16 章
游戏节奏的控制与 AI 算法

```
PROBLEMS    OUTPUT    DEBUG CONSOLE    TERMINAL
C:\Program Files\nodejs\node.exe --nolazy --inspect-brk=29902 dist\test\test.js -makeall
Debugger listening on ws://127.0.0.1:29902/c83f27b3-20c9-41f1-aa91-25d3b5fd1c84
For help, see: https://nodejs.org/en/docs/inspector
第一个setTimeout回调执行等待时间: 101
第二个setTimeout回调执行等待时间: 101
```

图 16-3

从上述实例的执行结果来看，两个定时器回调执行时间是一致的。但是如果加上耗时的任务，结果就不太一样了，下面来看第二个实例。

◎ setTimeout 实例二

测试下列代码。

```
class Test {
    main() {
        let timerStart1 = new Date().getTime();
        let timeout1 = setTimeout(()=>{
            console.log('第一个 setTimeout 回调执行等待时间: ', new Date().getTime() - timerStart1);
            let timerStart2 = new Date().getTime();
            let timeout2 = setTimeout(()=>{
                console.log('第二个 setTimeout 回调执行等待时间: ', new Date().getTime() - timerStart2);
            }, 100);
            this.heavyTask();
        }, 100);
        let loopStart = new Date().getTime();
        this.heavyTask();
        console.log('heavyTask 耗费时间 : ${new Date().getTime() - loopStart} ms');
    }
    heavyTask(){
        for(let i=0; i<1000; i++) {
            console.log(1);
        }
    }
}
new Test().main();
```

结果如图 16-4 所示。

```
C:\Program Files\nodejs\node.exe --nolazy --inspect-brk=43160 dist\test\test.js -makeall
Debugger listening on ws://127.0.0.1:43160/f887834f-57e7-45a0-85d8-c73fdc0b9eaa
For help, see: https://nodejs.org/en/docs/inspector
1  1000
heavyTask耗费时间: 178 ms
第一个setTimeout回调执行等待时间:   186
1  1000
第二个setTimeout回调执行等待时间:   258
```

图 16-4

可以看到，在 heavyTask 执行完成之后，还没等到 100ms，第一个 setTimeout 就立刻执行了，即预想中第一个 setTimeout 的等待时间应该是 178+100，而不是 186。同样的，第二个 setTimeout 也没有等 heavyTask 完成后的 100ms 再去执行。这是因为 setTimeout 函数延时 delay 毫秒之后，什么判断都不进行，直接就会将回调函数加入事件队列。

下面，来看事件发生的经过。

（1）heavyTask 开始执行，到它完成需要 178ms。

（2）从耗时任务开始执行，第一个定时器等待了 100ms 后，就想把自己加入事件队列，但是此时前面的耗时任务还没执行完，它只能在队列中等待，直到耗时任务执行完毕它才开始执行，所以结果是：第一个 setTimeout 回调执行等待时间为 186ms。

（3）同理，第二个定时器在等待了 100ms 之后就急不可耐地想要执行，把自己加入事件队列中，等到耗时任务执行完毕后，它立马就开始执行。

例子中的第二个定时器是包裹在第一个定时器内部的，如果定时器都是相互独立的，它们加入队列的顺序是如何由 delay 延迟时间来决定的呢？接着看实例三。

◎ setTimeout 实例三

测试下列代码。

```
class Test {
  main() {
    setTimeout(()=>{
      console.log('延迟700ms');
    }, 700);
    setTimeout(()=>{
      console.log('延迟100ms');
    }, 100);
    setTimeout(()=>{
      console.log('延迟200ms');
    }, 200);
    let loopStart = new Date().getTime();
    this.heavyTask();
    console.log('heavyTask耗费时间：${new Date().getTime() - loopStart} ms');
  }
  heavyTask(){
```

```
        for(let i=0; i<5000; i++) {
            console.log(1);
        }
    }
}
new Test().main();
```

结果如图 16-5 所示。

```
C:\Program Files\nodejs\node.exe --nolazy --inspect-brk=30012 dist\test\test.js -makeall
Debugger listening on ws://127.0.0.1:30012/31bd9101-7f1c-40bb-a228-0a82460fb1e9
For help, see: https://nodejs.org/en/docs/inspector
1  5000
heavyTask耗费时间: 966 ms
延迟100ms
延迟200ms
延迟700ms
```

图 16-5

从测试结果来看，"延迟 100ms""延迟 200ms""延迟 700ms"是同时输出的。也就是说，当定时器互相独立、互不干扰时，延迟调用也是互相独立的。

对 setTimeout 函数，读者能熟练掌握了这三个实例就足以在现阶段使用了。下面，来看 setInterval 函数的用法。

◎ setInterval 实例

测试下列代码。

```
class Test {
    main() {
        let intervalStart = this.now();
        setInterval(()=>{
            console.log('interval 距定义定时器的时间: ${this.now() - loopStart}');
        }, 100);
        let loopStart = this.now();
        this.heavyTask();
        console.log('heavyTask 耗费时间: ${this.now() - loopStart}');
    }
    heavyTask() {
        let s = this.now();
        while(this.now() - s < 1000) {
        }
    }
    now(): number {
        return new Date().getTime();
    }
}
new Test().main();
```

结果如图 16-6 所示。

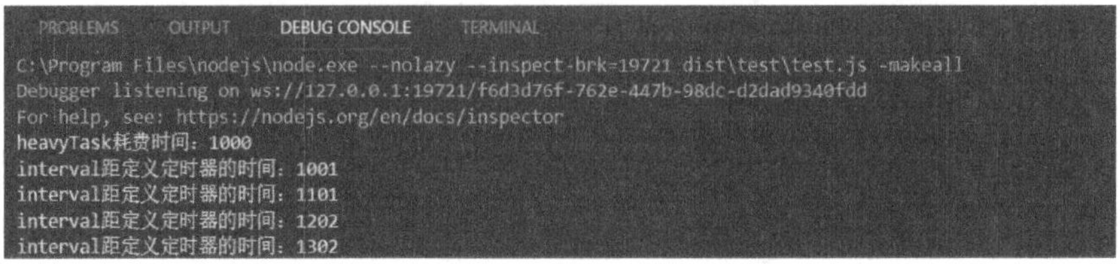

```
PROBLEMS    OUTPUT    DEBUG CONSOLE    TERMINAL
C:\Program Files\nodejs\node.exe --nolazy --inspect-brk=19721 dist\test\test.js -makeall
Debugger listening on ws://127.0.0.1:19721/f6d3d76f-762e-447b-98dc-d2dad9340fdd
For help, see: https://nodejs.org/en/docs/inspector
heavyTask耗费时间: 1000
interval距定义定时器的时间: 1001
interval距定义定时器的时间: 1101
interval距定义定时器的时间: 1202
interval距定义定时器的时间: 1302
```

图 16-6

从测试结果来看，上面这段代码，每隔 100ms 就打出一条日志。相比于 setTimeout 函数， setInterval 函数在准备把回调函数加入事件队列时，会判断队列中是否还有未执行的回调。如果有的话，它就不会再往队列中添加回调函数。不然，会出现多个回调同时执行的情况。

16.1.2　设计定时器

在大型项目中,功能模块往往是独立设计的,模块之间的交互通过接口调用来实现。在本游戏中，定时器是完全独立的功能模块，以单例方式来使用，通过调用模块的 addTimer 函数添加定时器，便可实现定时功能。在这里，通过两个模块——Timerdata 与 hokTimer 实现计时处理功能。其中，timerdata 模块描述定时器中的数据；hokTimer 模块主要负责管理定时器并实现计时功能。读者可以通过模块的源代码和视频学习计时器的详细设计。

16.1.3　在游戏中应用定时器

对于设计好的定时器，通过调用它的入口函数 addTimer，启动定时器，执行需要定时驱动执行的功能函数。

为了实现 Battle 模块中状态机的切换，采取了定时驱动的方式，那启动的入口又在哪里呢？实际上，在创建 BattleManager 实例时，定时器便会启动计时功能。通过该实例的构造函数，调用 BattleManager 中的 initialize 初始化函数，在此函数中会添加一个计时器，并在计时器中，通过层层调用的方式，调到 Battle 中状态机切换函数。代码如下所示。

```
//BattleManager 类中的初始化函数，在此函数中添加计时器，并在计时器中调用
BattleManager 类中的 onSchedule() 函数
```

第 16 章
游戏节奏的控制与 AI 算法

```
private initialize(): number {
    // 通过 Kernel 类添加计时器
    Kernel.getInstance().addTimer((utcMilsec: number, tickSpan: number)=>{
        this.onSchedule(utcMilsec, tickSpan);
    }, 100, true);
    return PreDefineErrorCodeEnum.eNormal;
}

//BattleManager 类中被定时器调用的函数
onSchedule(utcMilsec: number, tickSpan: number): void {
    this._heartBeartUTCMilsec = utcMilsec;
    for(let [key, playingBattleItem] of this._allBattleMap.entries()) {
        let tempBattle = playingBattleItem;
        // 调用 Battle 中的 schedule() 函数
        tempBattle.schedule(utcMilsec, tickSpan);
        if(BattleStateEnum.Finished == tempBattle.getBattleState()) {
            this._allBattleMap.delete(key);
            tempBattle = null;
        }
    }
}

// 在 Battle 类中，被 battlemanager 类中的 onSchedule() 调用的函数，实现状态机的切
换，根据状态执行对应的逻辑
schedule(utcMilsec: number, tickSpan: number) {
    // 游戏时间检测
    let res = this.checkPlayTimeout(utcMilsec);
    if (res) {
        return PreDefineErrorCodeEnum.eNormal;
    }
    // 选择英雄状态检测
    this.checkSelectHeroTimeout(utcMilsec);
    // 选择符文状态检测
    this.checkSelectRuneTimeout(utcMilsec);
    // 场景加载状态检测
    this.checkLoadingTimeOut(utcMilsec);
    // 游戏状态检测
    this.playTimeOut(utcMilsec, tickSpan);
    return 0;
}
```

16.2　A* 寻路算法

在游戏中最常见的就是英雄或者其他角色的走路，如何在最短时间内找到一条最佳的路线去往目的地，并避开或穿越障碍物等。这种在生活中最寻常的走路方式，却是游戏开发人员首要考虑的问题之一，下面来介绍游戏开发中角色寻路最常见的算法 A*，也是本游戏中使用的寻路算法。

16.2.1 A* 算法基本原理

A*（念作A星）算法有一定难度，本章节用简单的方式描述并展示算法的实现原理。

资料

在游戏设计中，地图可以划分为若干大小相同的方块区域（方格），这些方格就是寻路的基本单元。在确定了寻路的开始点和结束点的情况下，假定每个方块都有一个F值，该值代表了在当前路线下选择走该方块的代价。

而A*寻路的思路很简单：从开始点，每走一步都选择代价最小的格子走，直到结束点。A*算法核心公式就是F值的计算：

$$F = G + H$$

F：方块的总移动代价。
G：开始点到当前方块的移动代价。
H：当前方块到结束点的预估移动代价。

接下来详细解释这个公式，以便读者更好地理解它。

G值是怎么计算的？

假设现在在某一格子，邻近有8个格子可走。当往上、下、左、右这4个格子走时，移动代价为10；当往左上、左下、右上、右下这4个格子走时，移动代价为14。即走斜线的移动代价为走直线的1.4倍。

这就是G值最基本的计算方式，适用于大多数2.5Drpg页游。

基本公式：

$$G = 移动代价$$

根据游戏需要，G值的计算可以进行拓展。如加上地形因素对寻路的影响。格子地形不同，那么选择通过不同地形格子，移动代价肯定不同。同一段路，平地地形和丘陵地形，虽然都可以走，但平地地形显然更易走。

可以给不同地形赋予不同代价因子，来体现出G值的差异。如给平地地形设置代价因子为1，丘陵地形为2。在移动代价相同情况下，平地地形的G值更低，算法就会倾向选择G值更小的平地地形。

H值是如何预估出来的？

在只知道当前点、结束点，不知道这两者的路径情况下，无法精确地确定H值大小，所以只能进行预估。

有多种方式可以预估H值，如曼哈顿距离、欧式距离、对角线估价，最常用最简单的方法就是使用曼哈顿距离进行预估：

$$H = 当前方块到结束点的水平距离 + 当前方块到结束点的垂直距离$$

每个方块的 G 值、H 值又是怎么确定的呢？
G 值 = 父节点的 G 值 + 父节点到当前点的移动代价
H 值 = 当前点到结束点的曼哈顿距离
最后，A* 算法还需要用到两个列表：
开放列表——用于记录所有可考虑选择的格子
封闭列表——用于记录所有不再考虑的格子
以上是完成 A* 算法所需要的参数，而算法的过程并不复杂。

16.2.1.1　简化搜索区域

如图 16-7 所示，假设有人想从 A 点移动到一墙之隔的 B 点，绿色的是起点 A，红色是终点 B，蓝色方块是中间的墙。

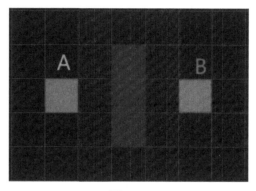

图 16-7

可以注意到，搜索区域被划分成了方形网格。这样可以简化搜索区域，是寻路的第一步。这一方法把搜索区域简化成了一个二维数组。数组的每一个元素都是网格的一个方块，方块被标记为可通过和不可通过两种。路径被描述为从 A 到 B 要经过的方块的集合。一旦路径被找到，人就从一个方格的中心走向另一个，一直到达目的地。

这些中间点被称为"节点"。当人们阅读其他的寻路资料时，经常会看到人们讨论节点。为什么不把它们描述为方格呢？因为有可能你的路径被分割成其他不是方格的结构。它们可以是矩形、六角形或者其他任意形状。节点能够被放置在形状的任意位置，可以在中心，也可以沿着边界，又或者在其他任何地方。使用这种系统，归根结底是由于它最简单。

16.2.1.2　开始搜索

正如处理图 16-7 中网格的方法，一旦搜索区域被转化为容易处理的节点，下一步就是去引导一次找到最短路径的搜索。在 A* 寻路算法中，从点 A 开始，检查相邻方格的方式，向外扩展直到找到目标。

以下操作开始搜索：

Step 01 从点 A 开始，并且把它作为待处理点存入一个"开启列表"。开启列表就像一张购物清单。尽管现在列表里只有一个元素，但以后会多起来的。路径可能会通过它包含的方格，也可能不会。基本上，这是一个待检查方格的列表。

Step 02 寻找起点周围所有可到达或者可通过的方格，跳过有墙、水或其他无法通过地形的方格。也把它们加入开启列表。为所有这些方格保存点 A 作为"父方格"。在描述路径的时候，父方格的资料是十分重要的。后面会解释它的具体用途。

Step 03 从开启列表中删除点 A，把它加入一个"关闭列表"，列表中保存所有不需要再次检查的方格。

在这一步骤中，会形成如图 16-8 所示的结构。其中，暗绿色方格是你起始方格的中心。它被用浅蓝色描边，以表示它被加入关闭列表中了。所有的相邻格现在都在开启列表中，它们被用浅绿色描边。每个方格都有一个灰色指针反指它们的父方格，也就是开始的方格。

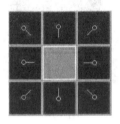

图 16-8

接着，选择开启列表中的邻近方格，重复前面的过程。但是，哪个方格是所要选择的呢？建议选取 F 值最低方格作为下一次的起点。

16.2.1.3　路径评分

选择路径中经过哪个方格的关键是下面这个等式：

$F = G + H$

G = 从起点 A，沿着产生的路径，移动到网格上指定方格的移动耗费。

H = 从指定方格移动到终点 B 的预估移动耗费。经常被称为启发式的。因为它只是个猜测。人们没办法事先知道路径的长度，路上可能存在各种障碍（墙、水等）。虽然本文只提供了一种计算 H 的方法，但是在网上可以找到很多其他的方法。

第 16 章
游戏节奏的控制与 AI 算法

这里的路径是通过反复遍历开启列表并且选择具有最低 F 值的方格来生成的。本章将对这个过程进行详细的描述。

正如上面所说，G 表示沿路径从起点到当前点的移动耗费。令水平或者垂直移动的耗费为 10，对角线方向耗费为 14。取这些值是因为沿对角线的距离是沿水平或垂直移动的 $\sqrt{2}$，或者约 1.414 倍。为了简化，用 10 和 14 近似。比例基本正确，同时避免了求根运算和小数。

计算沿特定路径通往某个方格的 G 值，求值的方法就是取它父节点的 G 值，然后依照它相对父节点是对角线方向或者直角方向（非对角线），分别增加 14 和 10。

H 值可以用不同的方法估算。这里使用曼哈顿方法，它计算从当前格到目的格之间水平和垂直的方格的数量总和，忽略对角线方向，然后把结果乘以 10。因为它看起来像计算城市中从一个地方到另外一个地方的街区数，在那里你不能沿对角线方向穿过街区。

F 的值是 G 和 H 的和。第一步搜索的结果可以在图 16-9 中看到。F、G 和 H 的评分被写在每个方格里。正如在紧挨起始格右侧的方格所表示的，F 被打印在左上角，G 在左下角，H 则在右下角。

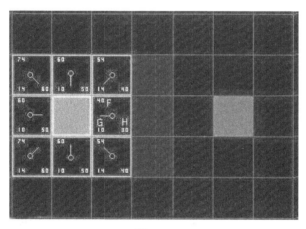

图 16-9

来看看这些方格。在写字母的方格里，G = 10。这是因为它只在水平方向偏离起始格一个格距。紧邻起始格的上方、下方和左边的方格的 G 值都等于 10。对角线方向的 G 值是 14。

H 值通过求解到红色目标格的曼哈顿距离得到，其中只在水平和垂直方向移动，并且忽略中间的墙。用这种方法，起点右侧紧邻的方格离红色方格有 3 格距离，H 值就是 30。这块方格上方的方格有 4 格距离（记住，只能在水平和垂直方向移动），H 值是 40。

每个格子的 F 值，还可以由 G 和 H 相加得到。

16.2.1.4 继续搜索

为了继续搜索，从开启列表中选择 F 值最低的方格。然后，对选中的方格做如下处理：

（1）把它从开启列表中删除，然后添加到关闭列表中。

（2）检查所有相邻格子。跳过那些已经在关闭列表中的或者不可通过的（有墙，水的地形，或者其他无法通过的地形），把它们添加到开启列表中，如果它们还不在里面的话，把选中的方格作为新的方格的父节点。

（3）如果某个相邻格已经在开启列表里了，则检查现在的这条路径是否更好。检查如果用新的路径到达它的话，G 值是否会更低一些。如果不是，那就什么都不做。另一方面，如果新的 G 值更低，就把相邻方格的父节点改为目前选中的方格。最后，重新计算 F 和 G 的值。

来看看它是怎么运作的。在最初的 9 格方格中，起点被切换到关闭列表中后，还剩 8 格留在开启列表中。这里，F 值最低的那个是起始格右侧紧邻的格子，它的 F 值是 40。选择这一格作为下一个要处理的方格。在图 16-10 中，它被用蓝色边框突出显示。

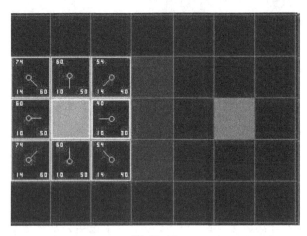

图 16-10

把它从开启列表中取出，放入关闭列表（这就是它被蓝色边框突出显示的原因）。然后检查相邻的格子。右侧的格子是墙，所以略过。左侧的格子是起始格，它在关闭列表里，所以也跳过它。

其他 4 格已经在开启列表里了，所以通过检查 G 值来判定，从这一格到达那里，路径是否更好。来看选中格子下面的方格。它的 G 值是 14。如果从当前格移动到那里，G 值就会等于 20（到达当前格的 G 值是 10，移动到上面的格子将使得 G 值增加 10）。因为 G 值 20 大于 14，所以这不是更好的路径（看图就能理解）。与其通过先水平移动一格，再垂直移动一格，还不如直接沿对角线方向移动一格来得简单。

在对已经存在于开启列表中的 4 个邻近格重复这一过程的时候，可以发现没有一条路径可以通过使用当前格子得到改善，所以不做任何改变。既然已经检查过了所有邻近格，那么就可以移动到下一格了。

检索开启列表，现在里面只有 7 格了。仍然选择其中 F 值最低的，有趣的是，这次有两个格子的数值是 54。如何选择？从速度上考虑，选择最后添加进列表的格子会更快捷。

或者选择起始格右下方的格子，如图 16-11 所示。

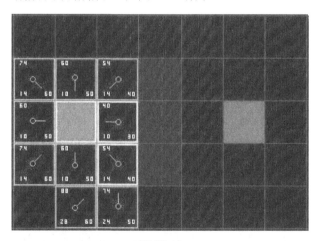

图 16-11

在检查相邻格的时候，发现右侧是墙，于是略过。上面一格也被略过。再略过墙下面的格子。为什么呢？因为不能在不穿越墙角的情况下直接到达那个格子。而是需要先往下走，然后到达那一格，按部就班地走过那个拐角（穿越拐角的规则是可选的。它取决于节点是如何放置的）。

这样一来，就剩下了其他 5 格。当前格下面的另外两个格子目前不在开启列表中，添加它们，并且把当前格指定为它们的父节点。其余 3 格，两个已经在关闭列表中（起始格和当前格上方的格子，在表格中蓝色高亮显示），略过它们。最后一格，在当前格的左侧，将被检查通过这条路径，G 值是否更低。准备检查开启列表中的下一格。

重复这个过程，直到目标格被添加进关闭列表，如图 16-12 所示。

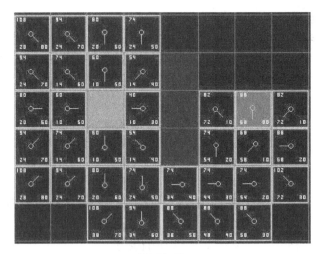

图 16-12

注意，起始格下方格子的父节点已经和前面不同。之前它的 G 值是 28，并且指向右上方的格子。现在它的 G 值是 20，指向它上方的格子。这在寻路过程中的某处发生，在应用新路径时，G 值经过检查变得低了，于是父节点被重新指定，G 和 F 值被重新计算。尽管这一变化在这个例子中并不重要，但在很多场合，这种变化会导致寻路结果的巨大变化。

如何确定这条路径？很简单，从红色的目标格开始，按箭头的方向朝父节点移动。这最终会回到起始格，这就是路径。看起来应该如图 16-13 所示从起始格 A 移动到目标格 B 只是简单地从每个格子（节点）的中点沿路径移动到下一个，直到到达目标点。

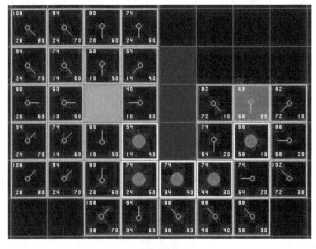

图 16-13

第 16 章
游戏节奏的控制与 AI 算法

16.2.1.5　A* 算法总结

整个寻路过程之后，现在把每一步的操作整理如下。

Step 01 把起始格添加到开启列表。

Step 02 重复如下的工作。

（1）寻找开启列表中 F 值最低的格子。即当前格。

（2）把它切换到关闭列表。

（3）对相邻的 8 格中的每一个格进行如下判断：

如果它不可通过或者已经在关闭列表中，略过它。

如果它不在开启列表中，把它添加进去。把当前格作为这一格的父节点。记录这一格的 F 值、G 值和 H 值。

如果它已经在开启列表中，用 G 值为参考检查新的路径是否更好。更低的 G 值意味着更好的路径。如果是这样，就把这一格的父节点改成当前格，并且重新计算这一格的 G 和 F 值。如果保持开启列表按 F 值排序，改变之后可能需要重新对开启列表排序。

（4）停止。当把目标格添加进了关闭列表时，会出现两种情况：路径被找到；没有找到目标格，开启列表已经空了，也就是路径不存在。

Step 03 保存路径。从目标格开始，沿着每一格的父节点移动，直到回到起始格。

16.2.2　A* 寻路算法代码实现

16.2.2.1　设置寻路数据

代码如下所示。

```
//用于返回寻路结果的数据结构
class FindPathInfo {
    _startPoint: THREE.Vector3; //起点
    _targetPoint: THREE.Vector3; //目标终点
    _dynamicBlockList: Array<number>; //动态阻挡数组
    _ifToTarget: boolean; //是否尝试走到目标点，False 代表走到目标点隔壁格子即可
    _ifFliter: boolean; //是否平滑
    _pathBuff: Array<THREE.Vector3>; //返回的结果点数组
    _pathNodeCount: number; //返回的结果点数组长度

    constructor() {
        this._startPoint = new THREE.Vector3();
        this._targetPoint = new THREE.Vector3();
        this._dynamicBlockList = new Array<number>();
        this._ifToTarget = false;
```

```
        this._ifFliter = false;
        this._pathBuff = new Array<THREE.Vector3>();
        this._pathNodeCount = 0;
    }
}
```

16.2.2.2　设置寻路区域

代码如下所示。

```
//用于保存整个地图的格子状态
class AStarRegion {
    _runTimeId: number;
    _indexX: number;         //格子的 x 轴方向坐标
    _indexZ: number;         //格子的 z 轴方向坐标
    _aroundGOCount: number;  //周边可走节点数量
    _staticBlock: boolean;   //静态阻挡块
    _dynamicBlock: boolean;  //动态阻挡块
    _nodeState: number;      //节点状态
    _gValue: number;         //G 值
    _hValue: number;         //H 值
    _parent: AStarRegion;    //父节点
    _next: AStarRegion;      //下一方格

    constructor() {
        this._runTimeId = 0;
        this._indexX = 0;
        this._indexZ = 0;
        this._aroundGOCount = 0;
        this._staticBlock = false;
        this._dynamicBlock = false;
        this._nodeState = NodeStateEnum.None;
        this._gValue = 0;
        this._hValue = 0;
        this._parent = null;
        this._next = null;
    }

    getFValue(): number {
        return this._gValue + this._hValue;
    }
}
```

16.2.2.3　核心寻路算法

由于核心寻路算法代码量较大，读者可直接打开工程中的寻路文件进行学习。代码如下所示。

第 16 章　游戏节奏的控制与 AI 算法

```
// 核心寻路函数
findPath(findPathInfo: FindPathInfo): number {
    // 检查参数值
    if (!findPathInfo._pathBuff || 0 >= findPathInfo._pathNodeCount) {
        return AllErrorCodeEnum.eEC_NullPointer;
    }
    this._runTimeID++;
    // 获取起始点与目标点
    let beginRegion = this.getRegion(findPathInfo._startPoint.x,
findPathInfo._startPoint.z);
    if (!beginRegion) {
        return AllErrorCodeEnum.eEC_InvalidRegionID;
    }

    let targetRegion = this.getRegion(findPathInfo._targetPoint.x,
findPathInfo._targetPoint.z);
    if (!targetRegion || beginRegion == targetRegion) {
        findPathInfo._pathNodeCount = 0;
        return PreDefineErrorCodeEnum.eNormal;
    }
    // 把起始格添加到开启列表
    let beginMilsec = BattleManager.getUTCMiliSecond();
    this._openRegionBuffBTree.clear();
    this._tempRegionBuff.clear();
    beginRegion._gValue = 0;
    beginRegion._hValue = 0;
    beginRegion._nodeState = NodeStateEnum.Open;
    this._openRegionBuffBTree.push(beginRegion);
    // 定义寻路数据值
    let aroundRegion: AStarRegion = null;
    let findEndRegion: AStarRegion = null;
    let n32TestRegionTimes = 0;
    let n32MaxOpenNode = 0;
    let n32MinDist = -1;
    let nearestRegion: AStarRegion = null;
    let aroundRegionList = new Array<AStarRegion>(ConstAroundAStarRegionNum);
    let un32StepSize = 10;
    let intDirToCurRegion: IntDirEnum;
    let un16CurFValue = 0;
    let un16NewGValue = 0;
    let un16TarHValueInX = 0;
    let un16TarHValueInZ = 0;
    let un16Mini = 0;
    let un16Max = 0;
    let un16NewHValue = 0;
    let un16NewFValue = 0;
    let ifHasDynBlock = false;

    // 开始循环寻路
    while (true) {
        let curRegion = this._openRegionBuffBTree.popMiniFValue();
        if (!curRegion) {
```

```
            break;
    }
    // 测试格子次数最大为10000
    if (10000 < n32TestRegionTimes) {
        break;
    }
    this.getAroundRegion(curRegion, aroundRegionList);
    for (let i = 0; i < ConstAroundAStarRegionNum; i++) {
        n32TestRegionTimes++;
        aroundRegion = aroundRegionList[i];
        if (!aroundRegion) {
            continue;
        }
        // 如果到达目标点，寻路结束
        if (aroundRegion == targetRegion) {
            aroundRegion._parent = curRegion;
            aroundRegion._nodeState = NodeStateEnum.Close;
            findEndRegion = aroundRegion;
            break;
        }
        // 如果该格子已经被关闭了(走过且证明走不通)，略过
        if (NodeStateEnum.Close == aroundRegion._nodeState) {
            continue;
        }
        // 检查碰撞
            ifHasDynBlock = this.checkAStarCollider(aroundRegion._indexX, aroundRegion._indexZ, findPathInfo._dynamicBlockList);
        if (ifHasDynBlock) {
            continue;
        }
        // 检查是否与目标格子相邻
            let dist = Math.abs(aroundRegion._indexX - findPathInfo._targetPoint.x) + Math.abs(aroundRegion._indexZ - findPathInfo._targetPoint.z);
        if (n32MinDist < 0 || n32MinDist > dist) {
            n32MinDist = dist;
            nearestRegion = aroundRegion;
        }
        if (false == findPathInfo._ifToTarget) {
            // 不是必须走到目标格子上，则检查是否相邻
            if (dist <= 2) {
                aroundRegion._parent = curRegion;
                aroundRegion._nodeState = NodeStateEnum.Close;
                findEndRegion = aroundRegion;
                break;
            }
        }
        // 开始计算F值
        // 相邻格子的G增加值为10，斜线的为14(其实应该是根号2,14.1423,简化为整数加快速度,但是会导致寻路倾向于走斜线)
            un32StepSize = 10;
            intDirToCurRegion = this.getRegionDir(curRegion, aroundRegion);
```

第 16 章
游戏节奏的控制与 AI 算法

```
            if (intDirToCurRegion % 2 == 1) {
                un32StepSize = 14;
            }
            un16CurFValue = aroundRegion._gValue + aroundRegion._hValue;
            un16NewGValue = curRegion._gValue + un32StepSize;
            un16TarHValueInX = 0;
            if (targetRegion._indexX > aroundRegion._indexX) {
                un16TarHValueInX = targetRegion._indexX - aroundRegion._indexX;
            } else {
                un16TarHValueInX = aroundRegion._indexX - targetRegion._indexX;
            }
            un16TarHValueInZ = 0;
            if (targetRegion._indexZ > aroundRegion._indexZ) {
                un16TarHValueInZ = targetRegion._indexZ - aroundRegion._indexZ;
            } else {
                un16TarHValueInZ = aroundRegion._indexZ - targetRegion._indexZ;
            }
            // 将最新的路点加入所有可行走格子中
            un16Mini = Math.min(un16TarHValueInX, un16TarHValueInZ);
            un16Max = Math.max(un16TarHValueInX, un16TarHValueInZ);
            un16NewHValue = un16Mini * 14 + (un16Max - un16Mini) * 10;
            un16NewFValue = un16NewGValue + un16NewHValue;
            if (0 == un16CurFValue || un16CurFValue > un16NewFValue) {
                aroundRegion._gValue = un16NewGValue;
                aroundRegion._hValue = un16NewHValue;
                aroundRegion._parent = curRegion;
                if (NodeStateEnum.Open != aroundRegion._nodeState) {
                    aroundRegion._nodeState = NodeStateEnum.Open;
                    aroundRegion._aroundGOCount = 0;
                    if (0 < aroundRegion._aroundGOCount) {
                        aroundRegion._hValue += aroundRegion._aroundGOCount * un32StepSize;
                    }
                    this._openRegionBuffBTree.push(aroundRegion);
                    if (n32MaxOpenNode < this._openRegionBuffBTree._curRegionNum) {
                        n32MaxOpenNode = this._openRegionBuffBTree._curRegionNum;
                    }
                }
            }
        }
        // 把当前格子状态改为关闭状态
        curRegion._nodeState = NodeStateEnum.Close;
        if (findEndRegion) {
            break;
        }
    }
```

```
            if (!findEndRegion) {
                if (nearestRegion) {
                    // 返回最接近的一个点，如果最终没有到达目标点的话
                    findEndRegion = nearestRegion;
                }
                else {
                    findPathInfo._pathNodeCount = 0;
                    return AllErrorCodeEnum.eEC_CannotFindFullPathNode;
                }
            }
            this._tempRegionBuff.clear();
            let beginPushed = false;
            aroundRegion = findEndRegion;
            while (aroundRegion) {
                if (aroundRegion == beginRegion) {
                    beginPushed = true;
                }
                this._tempRegionBuff.push(aroundRegion);
                aroundRegion = aroundRegion._parent;
                if (this._tempRegionBuff._currentCount >= n32TestRegionTimes) {
                    break;
                }
            }
            // 将起点也加入结果序列中
            if (!beginPushed) {
                this._tempRegionBuff.push(beginRegion);
            }
            // 整理节点，将多个连续的方向相同的节点整合为最后一个
            let curDir = <IntDirEnum>-1;
            let n32FillNodeNum = 0;
            let curRegionNode = this._tempRegionBuff.pop();
            let nextRegionNode: AStarRegion = null;
            while (curRegionNode) {
                nextRegionNode = this._tempRegionBuff.pop();
                if (!nextRegionNode) {
                    findPathInfo._pathBuff[n32FillNodeNum].x = curRegionNode._indexX;
                    findPathInfo._pathBuff[n32FillNodeNum].z = curRegionNode._indexZ;
                    n32FillNodeNum++;
                    break;
                } else {
                    let tempDir = this.getRegionDir(curRegionNode, nextRegionNode);
                    if (-1 == curDir) {
                        curDir = tempDir;
                    }
                    if (curDir != tempDir) {
                        curDir = tempDir;
                        findPathInfo._pathBuff[n32FillNodeNum].x = curRegionNode._indexX;
                        findPathInfo._pathBuff[n32FillNodeNum].z = curRegionNode._indexZ;
```

第 16 章
游戏节奏的控制与 AI 算法

```
                        n32FillNodeNum++;
            } else if (nextRegionNode == findEndRegion) {
                        findPathInfo._pathBuff[n32FillNodeNum].x =
nextRegionNode._indexX;
                        findPathInfo._pathBuff[n32FillNodeNum].z =
nextRegionNode._indexZ;
                        n32FillNodeNum++;
                        break;
            }
        }
        curRegionNode = nextRegionNode;
        if (n32FillNodeNum >= findPathInfo._pathNodeCount) {
            break;
        }
    }
    findPathInfo._pathNodeCount = n32FillNodeNum;
    if (0 >= findPathInfo._pathNodeCount) {
        return AllErrorCodeEnum.eEC_CannotFindFullPathNode;
    }
    // 增加终点
    let finalIndex = findPathInfo._pathNodeCount - 1;
    if (findPathInfo._pathBuff[finalIndex].x != findPathInfo._targetPoint.x
|| findPathInfo._pathBuff[finalIndex].z != findPathInfo._targetPoint.z) {
        //finalIndex++;
        findPathInfo._pathNodeCount = finalIndex + 1;
        findPathInfo._pathBuff[finalIndex].x = findPathInfo._targetPoint.x;
        findPathInfo._pathBuff[finalIndex].z = findPathInfo._targetPoint.z;
    }
    // 平滑算法
    // 算法的主要思想是，不断从两头检查两个点中间经过的所有节点，判断其是否有经过阻挡
点。如果没有，则删除这两个点中间的所有节点
    if (findPathInfo._ifFliter && findPathInfo._pathNodeCount > 1) {
        let fliterArray = new Array<THREE.Vector3>(32);
        for (let index=0; index<32; index++) {
            fliterArray[index] = new THREE.Vector3();
        }
        let len = findPathInfo._pathNodeCount + 1;
        fliterArray[0].copy(findPathInfo._startPoint);
        for (let i = 1; i < len; i++) {
            fliterArray[i].copy(findPathInfo._pathBuff[i - 1]);
        }
        let i = 0;
        let j = len - 1;
        while (j - i > 1) {
            while (j - i > 1) {
                let ifConnect = true;
                // 检查阻挡
                let differenceX = fliterArray[j].x - fliterArray[i].x;
                let differenceY = fliterArray[j].z - fliterArray[i].z;
                    let stepNum = Math.floor(Math.pow(differenceX *
differenceX + differenceY * differenceY, 0.5));
```

```
                    let stepX = differenceX / stepNum;
                    let stepY = differenceY / stepNum;
                    for (let stepIndex = 1; stepIndex < stepNum - 1; stepIndex++) {
                        let tempX = Math.floor(fliterArray[i].x + stepIndex * stepX);
                        let tempY = Math.floor(fliterArray[i].z + stepIndex * stepY);
                        if (this.checkAStarCollider(tempX, tempY, findPathInfo._dynamicBlockList)
                            || this.checkAStarCollider(tempX, tempY + 1, findPathInfo._dynamicBlockList)
                            || this.checkAStarCollider(tempX + 1, tempY, findPathInfo._dynamicBlockList)
                            || this.checkAStarCollider(tempX + 1, tempY + 1, findPathInfo._dynamicBlockList)
                        ) {
                            ifConnect = false;
                            break;
                        }
                    }
                    if (ifConnect) {
                        let removeLen = j - i - 1;
                        for (let index=0; index<len-j; index++) {
                            fliterArray[i+1 +index].copy(fliterArray[j +index]);
                        }
                        len -= removeLen;
                        break;
                    }
                    else {
                        j--;
                    }
                }
                i++;
                j = len - 1;
            }
            // 返回结果
            for (let i = 1; i < len; i++) {
                findPathInfo._pathBuff[i - 1].x = fliterArray[i].x;
                findPathInfo._pathBuff[i - 1].z = fliterArray[i].z;
            }
            findPathInfo._pathNodeCount = len - 1;
        }
        return PreDefineErrorCodeEnum.eNormal;
    }
```

注：对于寻路函数中涉及的获取格子函数、计算最小 F 值函数等，由于实现较为简单，读者可以找寻 astar 文件夹中的对应文件内容进行学习，这里不再赘述。

16.3　AI 行为树

16.3.1　行为树简介

从上古卷轴中形形色色的人物，到 NBA 中挥洒汗水的球员，从使命召唤中诡计多端的敌人，到刺客信条中栩栩如生的人群。游戏中人工智能（Artificial Intelligence，简称 AI）几乎存在每个角落，构建出一个个令人神往的虚拟世界。那么这些复杂的 AI 又是怎么实现的呢？下面就来介绍并实现游戏 AI 基础架构最重要的功能部分——行为树。

行为树是一种树状的数据结构，树上的每一个节点都是一个行为。每次调用都会从根节点开始遍历，通过检查行为的执行状态来执行不同的节点。它的优点是耦合度低扩展性强，每个行为相对于其他行为完全独立。目前的行为树几乎可以将任意架构（如规划器、效用论等）应用于 AI 之上。

16.3.2　行为树基本原理

下面通过一个例子来介绍行为树的基本概念，看图 16-14。

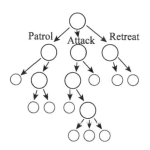

图 16-14

这是为一个士兵定义的一棵行为树，可以看到这是一个树形结构的图，有根节点、有分支，而且子节点个数任意。其中有 3 个分支，分别是巡逻（Patrol）、攻击（Attack）和逃跑（Retreat）。这 3 个分支可以看成是为士兵定义的 3 个大的行为（Behavior），当然，如果有更多的行为，可以继续在根节点中添加新的分支。在决策当前这个士兵要做什么样的行为时，就要自顶向下地通过一些条件来搜索这棵树，最终确定需要做的行为（叶节点），并且执行它，这就是行为树的基本原理。

16.3.3 行为节点

值得注意的是，此处标识的三大行为其实并不是真正的决策的结果，它只是一个类型，来帮助了解这个分支的一些行为是属于这类的，真正的行为都是在叶节点上，一般称之为行为节点（Action Node），如图 16-15 红圈所示。

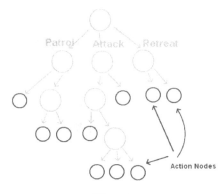

图 16-15

这些叶节点才是真正通过行为树决策出来的结果，如果用层次化的 AI 结构来描述的话，这些行为结果，相当于就是一个个定义好的"请求"（Request），如移动（Move）、无所事事（Idle）、射击（Shoot）等。所以，行为树是一种决策树，来帮助用户搜寻到想要的某个行为。

行为节点是与游戏内容相关的，因不同的游戏，需要定义不同的行为节点，但对于某个游戏来说，在行为树上，行为节点是可以复用的。比如移动，在巡逻的分支上，需要用到，在逃跑分支上，也会用到。在这种情况下，就可以复用这个节点。行为节点一般分为两种运行状态。

❑ 运行中（Executing）：该行为还在处理中。
❑ 完成（Completed）：该行为处理完成，成功或者失败。

16.3.4 控制节点

除了行为节点，其余一般称之为控制节点（Control Node），如图 16-16 绿圈所示。

第 16 章
游戏节奏的控制与 AI 算法

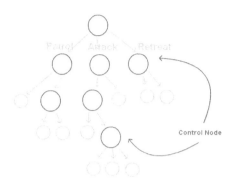

图 16-16

控制节点其实是行为树的精髓所在，若要搜索一个行为，如何搜索？其实就是通过这些控制节点来定义的。从控制节点上，就可以看出整个行为树的逻辑走向，所以，行为树的特点之一就是其逻辑的可见性。

用户可以为行为树定义各种各样的控制节点（这也是行为树有意思的地方之一），一般来说，常用的控制节点有以下 3 种。

- 选择（Selector）：选择其子节点的某一个执行。
- 序列（Sequence）：将其所有子节点依次执行，也就是说当前一个返回"完成"状态后，再运行下一个子节点。
- 并行（Parallel）：将其所有子节点都运行一遍。

用图来表示的话，如图 16-17 所示，依次为选择、序列和并行。

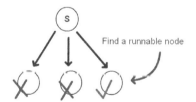 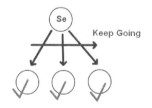 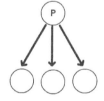

图 16-17

可以看到，控制节点其实就是"控制"其子节点（子节点可以是叶节点，也可以是控制节点，所谓"执行控制节点"，就是执行其定义的控制逻辑）如何被执行，所以，可以扩展出很多其他的控制节点，比如循环（Loop）等。与行为节点不同的是，控制节点与游戏无关，因为它只负责行为树逻辑的控制，而不牵涉任何的游戏代码。如果是作为一个行为树库，其中一定会包含定义好的控制节点库。

16.3.5 选择节点

如果继续考察选择节点,会产生一些问题:如何从子节点中选择?选择的依据是什么呢?这里就要引入另一个概念,一般称之为前提(Precondition),每一个节点,不管是行为节点还是控制节点,都会包含一个前提的部分,如图 16-18 所示。

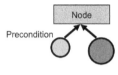

图 16-18

前提就提供了"选择"的依据,它包含了进入,或者说选择这个节点的条件,当用到选择节点的时候,它就是去依次测试每一个子节点的前提,如果满足,则选择此节点。由于最终返回的是某个行为节点(叶节点),所以,当前行为的"总"前提就可以看成是:

当前行为节点的前提 And 父节点的前提 And 父节点的父节点的前提 And…And 根节点的前提(一般是不设,直接返回 True)

行为树就是通过行为节点,控制节点,以及每个节点上的前提,把整个 AI 的决策逻辑描述了出来。

从概念上来说,行为树还是比较简单的,但对 AI 程序员来说,却是充满了吸引力,它的一些特性,比如可视化的决策逻辑,可复用的控制节点、逻辑和实现的低耦合等,较之传统的状态机,都有助于迅速而便捷地组织行为决策。

16.3.6 实例演示

本书以行为节点为例,向读者展示一个简单的行为树案例(Simple Demo)。对于选择节点、控制节点、复合节点等的实现,读者可以在此案例基础上加以派生子类并根据具体逻辑实现具体功能即可。下面,就来介绍如何实现行为树中的行为节点并观察如何实现移动功能。

在工程中创建一个 testbtree.ts 文件,在此文件书写下列各部分代码。

16.3.6.1 设置节点类型

由于行为树的实现是根据节点类型进行判断的,因此,需要对节点类型进行分类。对于行为树节点类型的设置,在一般的项目中大致可设置为 Selector(选择)节点、

Sequence（序列）节点、Condition（条件）节点与 Action（行为）节点。用一个枚举结构把它们封装起来。代码如下所示。

```
enum BehaviorTreeNodeTypeEnum{
    Selector = 0,
    Sequence,
    Condition,
    Action,
}
```

16.3.6.2 行为树

行为（Behavior）是行为树最基础的概念，是所有行为树节点的基类，是一个抽象接口，而动作、条件等节点则是它的具体实现。下面就来实现节点的基类。

在节点基类中，主要在构造函数中设置节点的类型，并创建 travel 抽象函数，以获取节点。由于本例中实现的是 Action（行为）节点，因此，还需要判断是否为动作。代码如下所示。

```
abstract class BehaviorTreeNode {
    _type: BehaviorTreeNodeTypeEnum;
    constructor(type: BehaviorTreeNodeTypeEnum) {
        this._type = type;
    }
    /* 抽象 travel 函数，在其子类中实现 */
    abstract travel(actionNode: BehaviorTreeNode, btreeResult: string):
{ret: boolean, node: BehaviorTreeNode};

    /* 判断是否为动作 */
    action(): boolean {
        return false;
    }
}
```

16.3.6.3 action(动作)节点

动作是行为树的叶节点，表示角色做的具体操作（如移动、吸附、装备购买、攻击等），负责改变游戏世界的状态。动作节点可直接继承自 Behavior 节点，通过实现不同的 action() 方法实现不同的逻辑。代码如下所示。

```
abstract class BehaviorTreeAction extends BehaviorTreeNode {
    constructor() {
        super(BehaviorTreeNodeTypeEnum.Action);
    }
    /* 实现父类中的 travel 函数，获取到行为节点 */
    travel(actionNode: BehaviorTreeNode, btreeResult: string): {ret:
boolean, node: BehaviorTreeNode} {
        return {ret: true, node: actionNode};
```

```
    }
        /* 抽象 action 方法, 在其子类中实现具体的逻辑功能 */
        abstract action(): boolean;
}
```

16.3.6.4 移动功能

移动功能的实现是根据实现动作节点中的抽象 action() 方法而实现的。在这里,只做了简单的处理,输出 Action: Start Move By Path 语句,在实际开发中,会把此语句替换成具体的逻辑功能。至此,一个简单行为树就设置完成了。下面来看如何构建此行为树。代码如下所示。

```
class BTreeActionMoveByPath extends BehaviorTreeAction {
    constructor() {
        super();
    }
    action(): boolean {
        console.log("Action: Start Move By Path");
        return true;
    }
}
```

16.3.6.5 构建行为树

由于 main 函数是程序执行的入口函数,因此,直接在 main() 函数中构建行为树。在构建行为树时,需要先创建 root 对象与节点对象,并通过 travel 函数获取节点值,然后执行对象的节点动作。代码如下所示。

```
class TestBtree{
    main() {
        // 创建 root 对象
        let bTreeRoot = new BTreeActionMoveByPath();
        // 定义结果变量
        let btreeResult = null;
        // 创建动作节点
        let actionNode: BehaviorTreeNode = new BTreeActionMoveByPath();
        // 获取节点值
        let result = bTreeRoot.travel(actionNode, btreeResult);
        if ( result.ret && result.node ) {
            // 找到了可以做的动作
            let act = result.node;
            // 执行移动动作
            act.action();
        }
    }
}
new TestBtree().main();
```

testbtree.ts 文件编写完成之后，在 launch.json 文件中设置程序执行的项目入口，输入下列语句 "program": "${workspaceRoot}/dist/testbtree.js"，保存所有文件，并在 TERMINAL 终端窗口执行编译命令 tsc -w，按 F5 键执行程序即可。执行结果如图 16-19 所示。

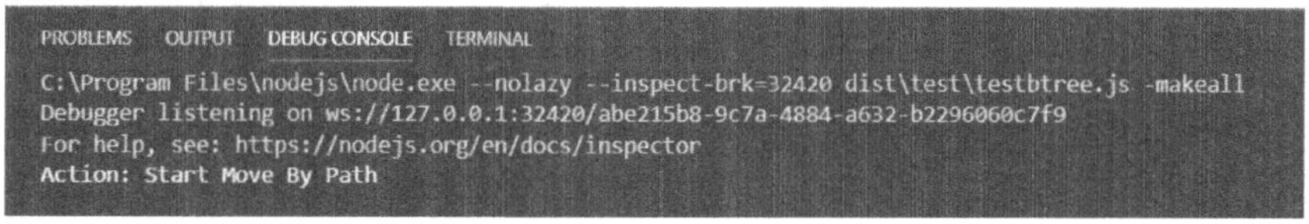

```
PROBLEMS    OUTPUT    DEBUG CONSOLE    TERMINAL
C:\Program Files\nodejs\node.exe --nolazy --inspect-brk=32420 dist\test\testbtree.js --makeall
Debugger listening on ws://127.0.0.1:32420/abe215b8-9c7a-4884-a632-b2296060c7f9
For help, see: https://nodejs.org/en/docs/inspector
Action: Start Move By Path
```

图 16-19

当在 DUBUG 调试窗口下显示 Action: Start Move By Path 语句时，表明此行为树已实现预定功能。读者可以根据这个简单的例子，去实现更为复杂的行为树。同时，有兴趣的读者也可以通过视频学习本项目中的 AI 行为树。

16.4 技能模块

16.4.1 技能处理

技能处理主要分成两部分：技能攻击和技能状态处理。

◎ **技能攻击**

- 状态技能。
- 即时技能。

◎ **技能状态**

- 可叠加状态。
- 不可叠加状态。

对于技能攻击处理来说，需要考虑两点内容，一是技能释放时机，二是技能释放范围。从技能释放时机来考虑，需要注意以下两点内容：

- AI 的攻击类型状态处理。
- 客户端发来的角色施法协议处理。

从技能释放范围（PK 对象施法按一定的规则来搜索范围）方面考虑，需要注意以下两点内容。

- 羁绊范围搜索：附近组队范围（队友或自己）。

- 技能几何范围搜索：单个体普通攻击；以自身为中心的攻击范围；鼠标点击的圆形攻击范围；扇形攻击范围；线形攻击范围。

对于技能状态处理来说，最重要的一点就是技能状态的处理时机。

从技能状态处理时机方面来考虑，主要利用定时器对角色以及 NPC 进行判断：
- 角色循环运行技能状态管理器定时器（运行所有有效技能状态对象里的函数）。
- NPC 循环运行技能状态管理器定时器（运行所有有效技能状态对象里的函数）。

16.4.2 技能程序框架

技能系统服务器和客户端是有交互的，具体流程如图 16-20 所示。

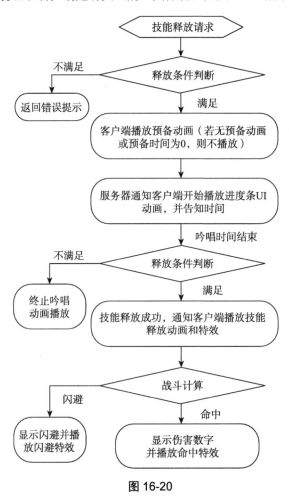

图 16-20

第 16 章　游戏节奏的控制与 AI 算法

服务器端需要通知客户端是否允许释放技能以及释放技能时需要的时间和命中结果（包括伤害数值），并且服务器还会把这些数据以广播的形式同时发送给所有的客户端，保证所有的客户端玩家都可以同步所有玩家的情况。

消息可以分为两种，一种需要立即同步，另一种是不需要同步的。下面就分别来看哪些消息是需要立即同步，哪些是不需要同步。

需要立即同步的消息：

❑ hp。众所周知，血量这一属性是需要时时同步的。
❑ 角色状态。角色的各种状态，比如沉默、死亡等状态。

不需要同步的消息：

对于角色属性改变，如攻击力量、敏捷程度等角色属性不需要同步。

注：服务器和客户端同一套代码，客户端进行预判，除了血量和角色状态服务器向客户端发同步消息，其他属性改变可以不发消息，这样可减少服务器和客户端的消息数量。

由于文章篇幅有限，在这里主要介绍技能系统的设计思路及框架，主要的实现代码读者可以通过视频进行学习。

技能释放功能的实现位于 src\module\skill\skill.ts 中，具体代码如下所示。

```
/** 从这开始 ... */
// 技能释放分为 6 个状态：等待，吟唱，前摇，引导，后摇，结束
// 主要思想为改变技能状态与改变技能状态时间
// 只要在 ai 于 aihero, btreenormal 中分别调用 onSchedule 方法即可
// 自动攻击功能完善
    onSchedule(tUTCMilsec: number, tTickSpan: number): number {
// 获取当前技能状态
        let heartBeatStartState = this._skillState;
//rst 设置返回值
        let rst = Number.parseInt(<any>PreDefineErrorCodeEnum.eNormal);
        do {
// 状态需要轮循
// 赋值检查状态给变量
            rst = this.checkStatus();
// 非法退出
        if (PreDefineErrorCodeEnum.eNormal != rst) {
        break;
        }
// 距离目标太远
        if (SkillStateEnum.Releasing >= this._skillState && !this._masterGU.ifInReleaseSkillRange(this._tarGU, this._config, 1000)) {
        rst = AllErrorCodeEnum.eEC_NullPointer;
        break;
        }
// 等待状态
```

```
        if (SkillStateEnum.Free == this._skillState) {// 判断是否为等待
            this._skillState = SkillStateEnum.Preparing;
// 切换为吟唱
            this._stateMilsec = tUTCMilsec;
            this.setSkillDir();
        }
// 前摇状态
        if (SkillStateEnum.Preparing == this._skillState) {
// 获取时间差，当前与上一个时间差
            let tMilsecSpan = tUTCMilsec - this._stateMilsec;
// 比配置时间还要短，返回
            if (tMilsecSpan < this._config._n32PrepareMilsec) {
            rst = PreDefineErrorCodeEnum.eNormal;
            break;
        }
// 进入前摇状态
            this._skillState = SkillStateEnum.Releasing;
// 修改当前前摇时间
            this._stateMilsec = tUTCMilsec;
        }
// 判断当前状态是否为前摇状态
        if (SkillStateEnum.Releasing == this._skillState) {
// 获取前摇时间
            let n32ReleaseMilsec = this._config._n32ReleaseMilsec;
// 根据配置信息获取前摇时间
            if (this._config._bIfNormalAttack) {
            if (this._normalAttackReleaseTime == 0) {
// 攻速加成时间公式
                this._normalAttackReleaseTime = n32ReleaseMilsec * this._masterGU.
getFPData(EffectCateEnum.AttackSpeed) / 1000.0;
            }
// 攻速加成时间赋值给前摇时间
            n32ReleaseMilsec = this._normalAttackReleaseTime;
        }
// 获取时间差
            let tMilsecSpan = tUTCMilsec - this._stateMilsec;
// 判断 是否获取到前摇时间
            if (tMilsecSpan < n32ReleaseMilsec) {
            rst = PreDefineErrorCodeEnum.eNormal;// 未到则返回
            break;
        }
// 扣除当前 cd 值
            rst = this.checkConsume();
// 未成功扣除则释放技能失效
            if (PreDefineErrorCodeEnum.eNormal != rst) {
            break;
        }
// 调用技能模块
            this.makeSkillEffect(tUTCMilsec); // 技能特效创建
            this._skillState = SkillStateEnum.Using;
```

```
        this._stateMilsec = tUTCMilsec;
        this._normalAttackReleaseTime = 0;
    }
    // 引导阶段
    // 判断是否处于引导
        if (SkillStateEnum.Using == this._skillState) {
        let ifUsing = false;
    // 遍历所有引导效果
        for (let i = 0; i < ConstUsingEffectsNum; ++i) {
    // 获取当前技能效果
            let un32EffectUniqueID = this._usingEffectsList[i];
    // 判断是否处于占用中
            if (0 != un32EffectUniqueID) {// 根据编号获取特效
              let effect = this._masterGU.getCurBattle().getEffectManager().getEffect(un32EffectUniqueID);
            if (effect) {
            if (effect.IsUsingSkill()) {
    // 占用则改为true, 否则为0
            ifUsing = true;
        } else {
            this._usingEffectsList[i] = 0;
                }
            }
        }
    }
        if (!ifUsing) { // 该特效不处于使用状态，则进入后摇状态
        this.clearUsingEffects();// 清除所有使用特效
        this._skillState = SkillStateEnum.Lasting;// 改变状态
        this._stateMilsec = tUTCMilsec;// 改变状态时间
            }
    }
    // 进入后摇判断结束
        if (SkillStateEnum.Lasting == this._skillState) {

            if (tUTCMilsec - this._stateMilsec < this._config.n32SkillLastTime) {
            rst = PreDefineErrorCodeEnum.eNormal;
            break;
            }
    // 为结束状态
        this._skillState = SkillStateEnum.End;
        this._stateMilsec = tUTCMilsec;// 修改时间
            }
    // 调用 end 函数结束技能释放
        if (SkillStateEnum.End == this._skillState) {
        rst = SkillStateEnum.End;
        this.end();
        break;
            }
    } while (false);// 结束循环
    // 捕获游戏对象，判断状态是否一致
```

```
        if (heartBeatStartState != this._skillState) {
//吟唱状态准备释放技能
            if (SkillStateEnum.Preparing == this._skillState) {
            this._masterGU.beginActionPrepareSkill(this, this._cDir, true);
        }
//前摇则调用前摇状态,后续同理
            else if (SkillStateEnum.Releasing == this._skillState) {
                this._masterGU.beginActionReleaseSkill(this, this._cDir, true);
        }
//引导
            else if (SkillStateEnum.Using == this._skillState) {
                this._masterGU.beginActionUsingSkill(this, this._cDir, true);
        }
//后摇
            else if (SkillStateEnum.Lasting == this._skillState) {
                this._masterGU.beginActionLastingSkill(this, this._cDir, true);
            }
//等待与结束是没有对应的活动
        }
return rst;
}
```

技能攻击实现位于 src\module\ai\aihero.ts 中,具体代码如下所示。

```
/** 从这里开始 */
    askUseSkill(un32SkillID: number): number {
//检查是否是不能操作状态
        if (this.ifPassitiveState()) {
        return AllErrorCodeEnum.eEC_AbsentOrderPriority;
    }
//检查是否被沉默了
        if (this._heroGU.getFPData(EffectCateEnum.Silence) > 0) {
        return AllErrorCodeEnum.eEC_UseSkillFailForSilenced;
    }
//获取并检查技能是否存在
        let skill = this._heroGU.getSkillByID(un32SkillID);
        if (!skill) {
return AllErrorCodeEnum.eEC_CanNotFindTheSkill;
    }

//检查技能是否符合可用条件
    let rst = skill.ifSkillUsable();
        if (PreDefineErrorCodeEnum.eNormal != rst) {
        return rst;
    }
//检查是否是正在运行的技能
        if (this._nowSkill && this._nowSkill.config.un32SkillID == skill._
config.un32SkillID) {
        return AllErrorCodeEnum.eEC_AbsentOrderPriority;
```

第 16 章
游戏节奏的控制与 AI 算法

```
        }
//首先判断是否在施放技能中。如果在施放技能中，则后面的技能都进行记录，等待施放
        if (this.ifUsingSkill() && (this._nowSkill.ifSkillBeforeHit() ||
this._nowSkill.getSkillState() == SkillStateEnum.Using)) {
//前摇和引导状态，需要将当前技能记忆下来
            this._nextSkill = skill;
            return AllErrorCodeEnum.eEC_AbsentOrderPriority;
        } else {
//先检测技能是否够距离施放
            rst = skill.ifSkillUsableWithNowTarget();
            if (AllErrorCodeEnum.eEC_AbsentSkillDistance == rst) {
//如果技能射程不够，则启动自动追踪释放技能功能

//停止自动攻击
                this._ifAutoAttack = false;
//停止手动移动
                this._ifMoveDir = false;
//停止站立攻击
                this._ifStandAttack = false;
//设置属性
                this._wantUseSkill = skill;
                this._moveTarPos = this._wantUseSkill._tarGU.getCurPos();
                this._lastCheckMoveTarTime = BattleManager.getUTCMiliSecond();
                this.moveToTar(this._moveTarPos, false, this._lastCheckMoveTarTime);
                return PreDefineErrorCodeEnum.eNormal;
            } else if (PreDefineErrorCodeEnum.eNormal != rst) {
                return rst;
            } else {
//检测是否是瞬发技能。如果是瞬发技能，则不需要打断当前的位移
                if (!skill.ifImpactSkill() ||
(skill._config._n32ReleaseMilsec > 0 && !this.ifMoving() && !this._
ifAutoAttack && !this._attackSkill._ifRunning)
) {
//如果是非瞬发技能，则停止相关的自动攻击，位移等
//停止自动攻击
                    this.cancleAttack();
//停止移动
                    this._ifMoveDir = false;
                    this._heroGU.getCurBattle().askStopMoveObjectAll(this._heroGU);
//开始使用技能，停止其他技能
                    this.stopAllSkill();
//需要有心跳，保存技能
                    this._nowSkill = skill;
//停止自动攻击和站立攻击
                    if (!skill.ifHasPreTime()) {
//没有前摇的非瞬发技能（现阶段就是引导技能）才需要停止自动攻击
                        this._ifAutoAttack = false;
                    }
                    this._ifStandAttack = false;
                }
```

```
// 开始使用技能
    skill.start();
    return rst;
        }
    }
}
```

任务过程中如遇到问题或详细逻辑学习请参考视频教程

A* 算法视频 http://www.insideria.cn/course/615/task/10302/show

技能释放视频 http://www.insideria.cn/course/615/task/10306/show

在任务过程中，如遇到问题或详细逻辑学习，请读者参考视频教程（http://www.insideria.cn/course/608/tasks）或者在开发论坛中（http://www.insideria.cn/group/5）沟通交流。

> **小提示**
>
> 在实际开发过程中，读者还需要熟练掌握后台管理、Docker 部署与分发、PM2 服务监控和管理、Log 服务、调试技巧等内容，由于本书篇幅有限，将此部分内容放到了《服务器高级管理》课程中进行讲解，读者可通过链接（http://books.insideria.cn/101/41）进行学习。到此，游戏的完整开发过程就介绍完了，希望学习完本书及配套视频的读者收获颇多，预祝大家工作顺利。